QINGDAO XIAOYUAN
QIXIANG FANGZAI
KEPU DUBEN

青岛校园气象防灾科普读本

青岛市气象局
青岛市气象学会 编著

U0333692

气象出版社
China Meteorological Press

图书在版编目（CIP）数据

青岛校园气象防灾科普读本 / 青岛市气象局，青岛市气象学会编著. —— 北京：气象出版社，2016.11
ISBN 978-7-5029-6472-6

Ⅰ. ①青… Ⅱ. ①青… ②青… Ⅲ. ①气象灾害—灾害防治—青少年读物 Ⅳ. ①P429-49

中国版本图书馆CIP数据核字（2016）第277037号

出版发行：气象出版社

地　　址：北京市海淀区中关村南大街46号　　　　　　邮政编码：100081
电　　话：010-68407112（总编室）　　010-68409198（发行部）
网　　址：http://www.qxcbs.com　　　　　　　　　E-mail：qxcbs@cma.gov.cn
责任编辑：邵　华　胡育峰　　　　　　　　　　　终　　审：邵俊年
责任校对：王丽梅　　　　　　　　　　　　　　　责任技编：赵相宁
设　　计：北京八度出版服务机构
印　　刷：中国电影出版社印刷厂
开　　本：787 mm×1092 mm　1/16　　　　　　　印　　张：7
字　　数：104千字
版　　次：2016年11月第1版　　　　　　　　　　印　　次：2016年11月第1次印刷
定　　价：28.00元

《青岛校园气象防灾科普读本》编委会

主编：顾润源

编委：黄明政　张诒年　耿　敏　庞华基

　　　林泽磊　郭丽娜　孙　颖　杨　凡

　　　丁　洁　杨　蕾　刘　欢

前　言

　　青岛属温带季风气候，暴雨、大风、雷电、大雾等气象灾害频发，据统计，青岛每年发生的气象灾害占所有自然灾害的 90% 以上，对社会经济发展、人民群众生活以及生态环境造成较大影响。

　　多年来，青岛市气象局和教育部门携手，开展了丰富多彩的"气象科普进学校"活动，通过建设校园气象站、举办科普讲座、发放气象书籍等多种方式，对青少年进行气象科普教育，播下科学应对气候变化和气象防灾减灾的种子，也影响、带动社会公众进一步提升气象科学知识素养，促进了气象科学知识的传播和普及。

　　为扩大校园气象科普宣传，扎实推进气象进校园工作，青岛市气象局和青岛市气象学会组织编写了《青岛校园气象防灾科普读本》。该书汇集了气象科普常识、气象灾害防御、气象监测预报、气象服务、气象与生活等多方面的知识，力求图文并茂、内容新颖、形式活泼，突出实用性和趣味性，努力为广大中小学生和市民提供一本接地气的普及气象常识和气象灾害防御知识的图书。

　　由于受时间和水平所限，本书难免会有缺陷与不足，敬请各位读者提出宝贵的意见和建议，我们将及时修改完善。致谢！

编写组

2016 年 10 月 18 日

目 录

一　气象科普常识

1 大气的奥秘

地球由内部和外部两大部分组成。其中，内部可划分为地核、地幔和地壳；外部可划分为岩石圈、水圈、冰雪圈、生物圈和大气圈五个圈层。

大气层就好像是一条毛毯包住了整个地球，使地球宛如处在一个温室之中。按热状态特征，大气分为五层，自下而上依次是：对流层、平流层、中间层、热层和散逸层。接近地面、对流运动最显著的大气区域为对流层，对流层与平流层之间的过渡层称对流层顶，在赤道地区高度为17～18千米，在极地约8千米；从对流层顶至约50千米高度的大气层称平流层，平流层内大气多作水平运动，对流十分微弱，臭氧层即位于这一区域内；中间层是从平流层顶至约85千米高度的大气区域；热层是中间层顶

大气层分布图

至250千米或500千米左右的大气层；热层顶以上的大气层称散逸层。

我们看到的云、雨、雪等天气现象大部分发生在对流层中。

想一想

大气层分布图中标注了各层温度的变化，你能讲一讲这些变化吗？

2 最直白的气象信息——天气图形符号

随着社会经济的持续发展，人们对气象信息服务的要求也越来越高，公共气象信息服务中的天气图形符号已成为传递气象信息的最基本方式之一，在各类新闻媒体上广泛使用。

晴（白天）	晴（夜晚）	多云（白天）	多云（夜晚）	阴天	小雨
中雨	大雨	暴雨	阵雨	雷阵雨	雷电
冰雹	轻雾	雾	浓雾	霾	雨夹雪
小雪	中雪	大雪	暴雪	冻雨	霜冻
4级风	5级风	6级风	7级风	8级风	9级风
10级风	11级风	12级及以上风	台风	浮尘	扬沙
沙尘暴					

比一比

你认识这些天气符号吗？比比谁认识得多，谁说得准确吧！

3 最直观的冷暖标签——气温

表示空气冷热程度的物理量叫空气温度，简称气温。气象学上的气温，是在观测场中离地面1.5米高的百叶箱中的水银温度表上测得的。百叶箱周围较开阔，无高大建筑、树木等阻挡风或遮挡阳光，具有良好的通风性并避免阳光直接照射。在同一个地区内，百叶箱内和水泥马路、柏油马路上的温度是不一样的。在阳光强烈的情况下，水泥马路和柏油马路1.5米高度上的温度比百叶箱测得的温度可能高出4～5 ℃。

气象台站用来测量近地面空气温度的主要仪器是装有水银或酒精的玻璃管温度表。中国气温记录采用摄氏度（℃）为单位，有的国家是采用华氏度（℉）为单位（如美国）。

你以为我们是这样测量气温的

实际上我们是这样测量气温的

想一想

华氏度与摄氏度之间如何换算呢？快去寻找答案吧！

4 空气的流动——风

风是由空气流动引起的一种自然现象，常指空气相对于地面的水平运动，用风向和风速表示。

风向是指风吹来的方向，例如北风就是指空气自北向南方向流动。风向一般用8个方位或者16个方位表示。8方位分别为：北（N）、东北（NE）、东（E）、东南（SE）、南（S）、西南（SW）、西（W）、西北（NW）。

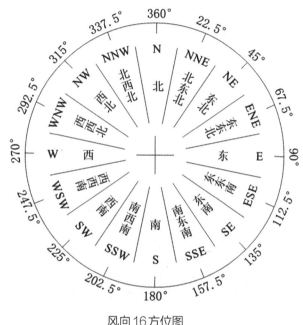

风向16方位图

▶ **小常识**

风级歌

零级烟柱直冲天；一级青烟随风偏；二级轻风吹脸面；

三级叶动红旗展；四级枝摇飞纸片；五级带叶小树摇；

六级举伞步行艰；七级迎风走不便；八级风吹树枝断；

九级屋顶飞瓦片；十级拔树又倒屋；十一、十二级陆上很少见。

5 天空的眼泪——降水

空气中的水汽无色透明，会因温度降低而凝结变为细小的水滴或冰晶悬浮在空中，聚集在一起便形成云，小水滴或冰晶不断碰并，当增大到空气托举不住时降落到地表形成降水，如雨、雪、雹等。

水循环示意图

▶ **小常识**

雨水为什么是脏的

就像一粒珍珠由一粒沙子开始，一滴雨是由一颗尘埃开始的，所以雨水是不干净的。雨水中的污染物来自空气中的污染物，大量的灰尘和少量的重金属会随着雨水降落下来。一般来说，前10分钟的降雨受污染比较严重，下了10分钟后，降雨会干净很多。

6 看不到摸不着的气象要素——气压

大气看似虚无、轻轻薄薄，但也是有重量和压力的哦！我们把大气对浸在它里面的物体产生的压力称为大气压强，简称大气压或气压。不同高度、不同地方的大气压是不一样的呢！

我们通过气压表或气压仪测量大气压。怎么表示这个看不到摸不着的气压呢？我们习惯上用水银（汞）柱高度。例如，1个标准大气压等于760毫米汞柱，它相当于1平方厘米面积上承受1.0336千克重的大气压力。

$$1个标准大气压 \approx 1.013 \times 10^5 帕斯卡 = 1\ 013 百帕$$

$$1个标准大气压 = 760毫米汞柱$$

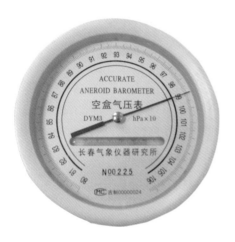

空盒气压表

气压传感器

想一想

寻找你身边的大气压，看看哪些现象与大气压有关呢？

7 空气中的水汽怎么看

湿度是表征空气中水汽含量的物理量，它表示空气中水汽含量距离饱和的程度，用相对湿度来表示。

为什么叫相对湿度呢？因为这个湿度是现在空气中的水汽含量和同温度下大气中水汽最多时（学术名词叫饱和，比如下雨时）的水汽含量的比值，所以这个湿度是相对的，单位为%。

空气湿度对人体的影响与气温有直接关系。当气温适中时，空气湿度的变化对人体舒适感的影响就非

温湿度计

常小，在高温或低温的环境里，人体对湿度就非常敏感了。在高温环境中，当湿度达到80%以上时，人就会无精打采，委靡不振，人体感觉极度闷热难受，很容易发生中暑。当湿度为50%以下时，水分蒸发加快，干燥的空气容易夺走人体的水分，使皮肤干燥、鼻腔黏膜受到刺激。因此，在秋季干冷空气入侵时，极易诱发呼吸系统病症。

▶ 小常识

温湿度与健康

通过实验测定，最宜人的室内温湿度是：冬天温度为18~25 ℃，相对湿度为30%~80%；夏天温度为23~28 ℃，相对湿度为30%~60%。在这些范围内感到舒适的人占95%以上。在装有空调的室内，室温为19~24 ℃，湿度为40%~50%时，人会感到最舒适。如果考虑到温湿度对人思维活动的影响，工作效率在最适宜的温湿度环境下应该是比较高的。

8 如何区分雾和霾

我们经常说"雾霾"天气，其实雾和霾是两种不同的天气现象。

霾的判识标准是能见度小于10千米，排除降水、沙尘暴、扬沙、浮尘、烟幕、吹雪、雪暴等天气现象造成的视程障碍，相对湿度小于80%，判识为霾。相对湿度在80%~95%的，需根据《地面气象观测规范》规定的描述或大气成分指标作进一步判识。

而雾的相对湿度接近100%，大致出现在日出前或锋面过境前后。如果目标物的水平能见度降低到1千米以内，就是雾；水平能见度在0.05~0.50千米的，称为浓雾；水平能见度小于0.05千米的为强浓雾。

雾是由小水滴或（和）冰晶组成，呈乳白色、青白色；霾则是由干性粒子组成，呈黄色、橙灰色。

雾

霾

记一记

记录在秋冬季节霾天气的出现次数，观察自己的身体有什么变化。

9 气候是个大家族

气候是以对某一地区气象要素进行长期统计为特征的天气状况的综合表现，是天气的长期平均状态。时间尺度为月、季、年、数年到数百年以上。通常由某一个时段的平均值、极值和距平值（距平是某一系列数值中的某一个数值与平均值的差）为表征，主要反映一个地区的冷、暖、干、湿等基本特征。气候除具有温度大致按纬度分布的特征外，还具有明显的地域性特征。

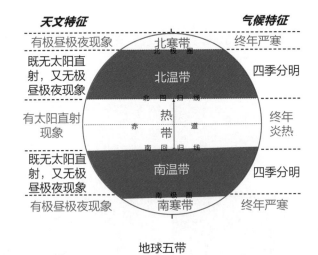

天文特征		气候特征
有极昼极夜现象	北寒带（北极圈）	终年严寒
既无太阳直射，又无极昼极夜现象	北温带（北回归线）	四季分明
有太阳直射现象	热带（赤道 南回归线）	终年炎热
既无太阳直射，又无极昼极夜现象	南温带（南极圈）	四季分明
有极昼极夜现象	南寒带	终年严寒

地球五带

想一想

根据地球五带这张图，查一下中国在哪一个气候带，有什么气候特征呢?

10 四季如何划分

四季是一年中交替出现的四个季节，即春季、夏季、秋季和冬季。四季的划分方法不同，划分的季节时段也不尽相同。

（1）我国传统的四季

以二十四节气中的四立——立春、立夏、立秋、立冬作为四季的始点，以二分——春分、秋分和二至——夏至、冬至作为四季的中点。

（2）天文季节

以天文因子作为划分季节的依据，通常把接受太阳辐射最多，即最为炎热的时段作为夏季；接受太阳辐射最少，即最冷的时段定为冬季；它们之间的过渡时期为秋季和春季。就北半球温带地区而言，一般3—5月为春季，6—8月为夏季，9—11月为秋季，12月至次年2月为冬季。

（3）气候季节

以气候要素的分布状况作为划分季节的依据。为了准确地反映各地的实际气候情况，划分四季常采用气象意义上的方法，采用5天平均气温划分四季。5天平均气温大于或等于22 ℃的时期为夏季，小于或等于10 ℃的时期为冬季，介于10～22 ℃的为春季或秋季。

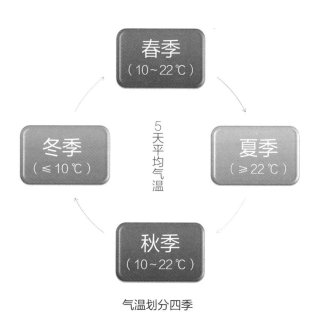

气温划分四季

四季景象图

想一想

查一查资料，找出我国有哪些地方是四季分明的？

11 二十四节气

　　二十四节气是我国古代订立的一种用来指导农事的历法，是古代劳动人民长期经验的积累和智慧的结晶，形成于春秋战国时期。二十四节气是根据太阳在黄道（即地球绕太阳公转的轨道）上的位置来划分的。

二十四节气歌

春雨惊春清谷天，夏满芒夏暑相连；

秋处露秋寒霜降，冬雪雪冬小大寒。

上半年来六、廿一，下半年是八、廿三；

每月两节日期定，最多不差一两天。

　　这是以公历来推算节气的日期。7月份以前，每月两个节气的日期，多在公历每月的6日或21日，下半年每月的两个节气多在公历的8日或23日。

二十四节气的意义

节气名称	意　义	节气名称	意　义
立春	春季开始	立秋	秋季开始
雨水	气温回升，春雨绵绵	处暑	暑热渐消
惊蛰	冬眠虫类开始苏醒，出土活动	白露	夜晚清凉，水汽凝结成露
春分	太阳直射赤道，昼夜平分	秋分	太阳直射赤道，昼夜再次平分
清明	春光明媚，景色清明	寒露	夜晚渐寒，露华日浓
谷雨	播种百谷，雨水增多	霜降	开始出现白霜
立夏	夏季开始	立冬	冬季开始
小满	夏熟作物开始结实成熟	小雪	气温下降，开始降雪
芒种	麦类成穗，谷类忙种	大雪	北方已经大雪纷飞
夏至	太阳直射北回归线，北半球昼最长、夜最短	冬至	太阳直射南回归线，北半球昼最短、夜最长
小暑	暑气上升，气候稍热	小寒	天气寒冷，但未达到极点
大暑	酷暑来临	大寒	数九严寒，气温最低

12 全球气候变暖

2014年11月，联合国政府间气候变化专门委员会（IPCC）发布了IPCC第五次评估报告综合报告，指出近百年全球气候系统已经明显变暖，并对自然生态系统和人类社会产生了广泛影响。

近百年全球气候变暖主要表现在全球气温升高、冰雪大范围融化、海平面持续上升等诸多方面。1880—2012年，全球地表平均温度大约上升了0.85 ℃。受全球气候变暖的影响，20世纪中叶以来极端天气气候事件的强度和频率发生明显变化。极端暖事件增多，极端冷事件减少；欧洲、亚洲及澳大利亚等地热浪发生频率更高；陆地区域的强降水事件增

2016年世界气象日海报

加，欧洲南部和非洲西部干旱强度更强、持续时间更长；热带气旋的强度、频率和持续时间存在长期增加趋势。

气候变化导致的全球降水变化和冰雪消融正在改变全球水文系统，影响到水资源量和水质，加剧淡水资源匮乏。气候变化对农作物产量有利有弊，但总体以不利影响为主，其中小麦和玉米受气候变化不利影响更大。气候变化改变了部分生物物种的数量、

活动范围、习性及迁徙模式等，部分陆地区域的物种平均每10年向极地和高海拔地分别推移17千米和11米。气候变化引起海洋酸化，影响海洋生态，还恶化了已经存在的人类健康问题，导致一些地区与炎热有关的人类死亡率的增加。

人类活动导致温室气体排放量不断增加，是全球气候变暖的主要原因。自工业化时代以来，在经济和人口增长的驱动下，人为温室气体排放上升，导致大气中二氧化碳、甲烷、氧化亚氮等温室气体浓度达到了过去80万年以来的最高水平。1750—2011年，人为累计二氧化碳排放达到20 400亿吨，其中近一半为近40年所排放，47%来自于能源供应、30%来自于工业、11%来自于交通、3%来自于建筑。IPCC综合报告认为，人类活动主要通过排放温室气体影响气候，20世纪中叶以来全球气候变暖一半以上是由人类活动造成的，这一结论的可信度在95%以上。

温室气体的排放

13 厄尔尼诺是个调皮的"小男孩儿"

厄尔尼诺表示赤道中东太平洋冷水域中海温异常升高的现象。这个名字的由来还有一个有趣的故事。

在很久以前，居住在东太平洋赤道附近，秘鲁和厄瓜多尔海岸一带的人们发现，每隔几年，在圣诞节前后，附近的海面上会出现大量死亡的海鸟和鱼，并且发现这时的海水比较温暖，不久便会发生天降大雨等怪现象。当地的人们出于迷信，将这种反常的现象称作"圣婴"。"圣婴"的西班牙文音译为"厄尔尼诺"。

后来，科学家们发现造成海鸟和鱼大量死亡的原因是食物短缺。原来在正常年份，这里的海水是自下层向上层涌动，上涌的冷海水营养比较丰富，使得浮游生物大量繁殖，为鱼类提供充足的饵料。鱼类的繁盛又为以鱼为食的海鸟提供了丰盛的食物，所以这里的鸟类甚多。而到了厄尔尼诺年，海水不再自下而上涌动，而是相反，这时的浮游生物大量减少，鱼类缺少饵料死亡，也导致以鱼为生的海鸟饥饿而亡。

20世纪60年代后期，气象学家开始对厄尔尼诺现象进行研究。他们查阅了第二次世界大战以来30余年的天气资料，发现几次重大的厄尔尼诺现象发生年，都出现过全球性的天气气候异常现象。1982年底出现了厄尔尼诺，东太平洋近赤道地区的海水异常增温，范围越来越大，澳大利亚发生了20世纪以来最强的旱灾，而中太平洋岛屿的降水则成倍增长。到1983年，厄尔尼诺现象波及全球，美洲、亚洲、非洲和欧洲都连续发生异常天气。

▶ 小知识

厄尔尼诺现象对我国天气气候的影响

1. 台风减少。西太平洋台风的产生次数及在中国沿海登陆次数均较正常年份少。

2. 北方地区夏季容易出现干旱、高温，南方易发生低温、洪涝。中国的严重洪水，如1931年、1954年和1998年长江中下游地区的洪水，都发生在厄尔尼诺现象出现的次年。

3. 秋季降水偏少。气温除内蒙古北部、东北北部偏低以外，其他地区偏高。

4. 厄尔尼诺现象发生后的冬季，中国北方地区容易出现暖冬。

14. 拉尼娜是个乖巧的"小女孩儿"

　　拉尼娜是西班牙语"小女孩儿,圣女"的音译,是厄尔尼诺现象的反相,也称为"反厄尔尼诺",它是指赤道附近东太平洋秘鲁洋流冷水域中海温异常降低的现象,表现为东太平洋明显变冷,同时也伴随着全球性气候混乱,总是出现在厄尔尼诺现象之后,是热带海洋和大气共同作用的产物。

　　拉尼娜现象常与厄尔尼诺现象交替出现,但发生频率要比厄尔尼诺现象低。从1950年以来的记录看,厄尔尼诺发生频率要高于拉尼娜。拉尼娜现象在当前全球气候变暖背景下频率趋缓,强度趋于变弱。

　　拉尼娜现象对气候的影响很难预测,因为它比厄尔尼诺现象更复杂,而且出现的次数又比厄尔尼诺现象少得多。但有一点可以肯定,它对气候正常变化会产生影响。不过,有关专家认为,拉尼娜现象对气候的影响不会有厄尔尼诺现象对气候的影响那样大。

15 生命的保护伞——臭氧层

臭氧层是指地球上空10~50千米高度臭氧比较集中的大气层，其最高浓度在20~25千米处。臭氧既有对人类有利的一面，也有不利的一面。平流层的臭氧主要作用是吸收太阳光中的波长280纳米以下的紫外线。它就像是一把巨伞保护着地球上的生物不受紫外线的伤害。同时，臭氧吸收太阳光中的紫外线并将其转换为热能加热大气，大气的温度结构对于大气的循环具有重要的影响。接近地球表面的对流层中的臭氧是在阳光照射氮氧化物和挥发性有机物之间的化学反应而产生的，是一种对人类极有害的污染物，可引发各种健康问题。

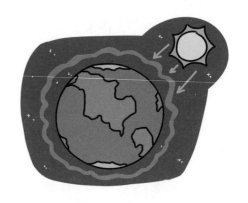

臭氧层被破坏后，吸收紫外线辐射的能力大大减弱，导致到达地球表面的紫外线明显增加，紫外线辐射增强，对人类及其生存的环境会造成极为不利的后果。人体长时间曝露在太阳紫外线辐射下，可能对皮肤、眼睛和免疫系统产生急性和慢性影响。

查一查

你知道哪些物质能破坏臭氧层吗？这些物质来源于什么地方？我们应该如何保护臭氧层？

16 世界气象日的由来

世界气象日（World Meteorological Day），是世界气象组织（WMO）成立的纪念日。1960年6月，世界气象组织执行理事会决定把每年的3月23日定为"世界气象日"。并从1961年开始，世界气象组织执行委员会每年都围绕气象工作的内容，确定一个与气象有关的反映世界各国人民普遍关注的主题，要求各成员国在这一天举行庆祝活动，并广泛宣传气象工作的重要作用，提高世界各地公众对与自己密切相关的气象问题的重要性的认识。

世界气象组织大楼

中国是世界气象组织最早的创始国和签字国之一。每年"3·23"世界气象日，我国各级气象部门会根据世界气象日主题内容，组织开展形式多样的群众性宣传纪念活动。每年的3月23日前后，青岛市气象局都会举办纪念活动，届时气象台免费对市民开放。

世界气象日开放日活动

17 我国近代气象事业的发祥地——青岛

青岛是中国最早开展近现代气象科学事业的城市，也是中国近代气象事业的发祥地之一。

1898年，德国海军在今青岛馆陶路1号建气象天测所。1905年5月10日，将天测所迁到水道山，即现今的观象山。1911年1月1日，德国政府将天测所更名为"皇家青岛观象台"。

1914年，日本占领青岛后，将观象台改称"测候所"。1924年，我国正式接收青岛测候所，改称"胶澳商埠观象台"。1924—1937年的十多年里，在蒋丙然、蔡元培、

馆陶路气象观测点

李石增、杨杏佛、高鲁、竺可桢等要员名流的支持下，以气象为主业，努力展宽观测领域，新设了高山、沿海和学校的测候站、所，实施了高空经纬仪测风；在天文方面展开了太阳黑子及行星观测，两次在"万国经度测量"活动中获国际大奖；同时开创了我国海洋科学事业先河，设立了中国最早的海洋研究机构——青岛海洋研究所；承担建设了青岛水族馆；在地震和地磁观测方面也卓有成效。当时亚洲三大气象台中唯独主权为中国所有的青岛市观象台（上海观象台由法国控制、香港天文台由英国执掌），其规模之大，设备仪器、技术之先进，影响力之深广，都是国内其他台站所无法比拟的。

1938年，日本再度强占青岛市观象台，再次恢复一直未撤的"青岛测候所"，取代青岛市观象台。1945年8月15日，日本宣布无条件投降，9月25日，国民党政府驻青岛海军司令部派少将于振兴率员接管青岛测候所，12月恢复"青岛市观象台"名称。

1949年6月2日，随着青岛的解放，青岛市观象台也得以新生和发展。1959年，中央气象局在青岛设立了专业化的气象机构——山东省青岛海洋水文气象台。1976年，成立了青岛市气象局。

青岛市观象台

18 中国气象学会的诞生地

　　中华民国初期，在蔡元培、高鲁等社会名流的支持下，蒋丙然、竺可桢等气象界人士从建立中华民族气象科学事业的意愿出发，积极酝酿组织创建中国气象学会。1924年初，以"谋气象学术之进步和测候事业之发展"为宗旨，在国内气象学界人士的积极响应下，共同发起组建了对中国近代气象事业发展产生深远影响的中国气象学会。1924年10月10日下午，在青岛胶澳商埠观象台办公处召开了成立大会，讨论通过了《中国气象学会章程》，自此，中国气象学会成立。

中国气象学会诞生地

二 气象灾害防御

1 气象灾害的种类

气象灾害是指由气象原因造成生命伤亡和人类社会财产损失的自然灾害。气象灾害一般包括天气、气候灾害和气象次生、衍生灾害。

我国主要的气象灾害包括台风、暴雨洪涝、暴雪、寒潮、大风、沙尘暴、低温冷害、高温、干旱、雷电、冰雹、霜冻、雾、霾、冰冻、酸雨等。

气象次生、衍生灾害包括城市气象灾害、农业气象灾害、林业气象灾害、水文气象灾害、地质气象灾害、海洋气象灾害、交通气象灾害、航空气象灾害、电力气象灾害、环境气象灾害、生态气象灾害等。

干旱

沙尘暴

城市内涝

暴雪

2 主要气象灾害的危害及防御

（1）暴雨

> 暴雨是指短时间内产生较强降雨（24小时降雨量≥50毫米）的天气现象。

暴雨的危害

渍涝危害：由于暴雨急而大，排水不畅易引起积水成涝，使作物受害而减产。

洪涝灾害：特大暴雨引起的山洪暴发、河流泛滥，不仅危害农作物、果树、林业和渔业，而且还冲毁农舍和工农业设施，甚至造成人畜伤亡，经济损失严重。

防御措施

暴雨期间尽量不要外出，注意及时通过广播、电视、手机或网络等渠道关注天气预报，掌握暴雨最新消息。

检查电路、炉火等设施，当积水浸入室内时，立即切断电源，防止积水带电伤人。

提前收回露天晾晒的物品，将贵重物品放置于高处。

住在危旧房屋或低洼地势住宅的群众及时转移到安全地方，提防房屋倒塌伤人。居民要因地制宜，在家门口设置挡水板、堆置沙袋或堆砌土坎。

如果身处室外，立即停止田间农事活动和户外活动。在户外积水中行走时，要注意观察水面，贴近建筑物行走，防止跌入窨井、地坑等，并注意积水中是否有倒下的电线杆或垂下的电线。

驾驶员遇到路面或立交桥下积水过深时，应尽量绕行，不要冒险强行通过。当汽车在低洼积水处熄火时，车内人员千万不要在车上等候，要下车到高处等待救援。

在山区旅游时要注意防范山洪，当上游来水突然浑浊、水位上涨较快时，需特别注意，及时转移至河流两侧的高处。

（2）大风

> 瞬时风速大于或等于17.2米/秒，即风力达到8级以上时，称为大风。

大风的危害

大风使建筑物、广告牌、游乐设施等受损或倒塌，造成人员伤亡。

大风对供电系统造成影响，吹倒电线杆，造成停电事故或风灾。

大风可颠覆车辆或使之失控和停驶，甚至将火车车厢吹翻，大风还能够造成翻船事故。

大风可刮起地面沙尘，使空气质量恶化。

防御措施

关注天气预报，做好防风准备。

立即停止露天集体活动。

车辆减速行驶，注意交通安全。

不要在高大的建筑物、广告牌下方停留。

及时加固门窗、围挡、棚架等易被风吹动的搭建物，切断危险的室外电源。

注意消除火灾隐患，避免火借风势，造成重大损失。

（3）雷电

> 雷电是发生在大气层中的一种放电现象，大多伴随着闪电和雷声。雷电一般产生于对流发展旺盛的积雨云中，因此，常伴有强烈的阵风和暴雨，有时还伴有冰雹和龙卷。

雷电的危害

雷电直接击在物体上，产生巨大的电效应、热效应、冲击波和机械力作用等，从而对物体造成巨大的破坏。

闪电击在电线或金属管道上或其附近，产生的过电压波会沿着电线或金属管道侵入室内，危及人身安全或损坏仪器设备。

当雷电击在大地上时，由于土壤有电阻，所以电位从雷击点向外逐渐减少，也就是存在电压差。如果人或牲畜在其间走动，会产生高电位差（电压）而被击伤。

防御措施

金属物体、相对高耸的物体易遭雷电的袭击，因此，遇到雷雨天气时，一是不要让自己成为相对的高点，二是远离金属物体。

室内防雷要领

关好门窗。

不要触摸室内的任何金属管线。

拔下所有电源插头。

不要洗澡，特别是不要使用太阳能热水器洗澡。

室外防雷要领

在地势低洼的地方蹲下，双脚并拢，手放膝上。

远离树木、烟囱，远离输电线。

尽快离开水面，不要游泳，不要在水边垂钓。

雷雨天气不宜骑摩托车、自行车，打雷时切忌奔跑。

雷雨天气时不要在空旷的操场上运动。

车内是比较安全的避雷场所。

▶ **小贴士**

如果有人遭到雷击，应立即扑灭其身上的火焰。如果被雷击者有意识丧失和呼吸、心搏骤停现象，应立即进行人工呼吸或心肺复苏抢救，并迅速拨打"120"急救电话。

（4）雾

> 雾是由大量悬浮在近地面空气中的微小水滴或冰晶组成的水汽凝结物，常呈乳白色，使地面水平能见度低于1千米的天气现象。

雾的危害

雾使水平能见度降低，交通受阻。

雾中污染物与空气中的水汽相结合，易被人吸入。

大雾天气使日照减少，植物光合作用减缓，对植物生长发育不利。

防御措施

减少户外锻炼。

汽车上路打开雾灯，减速慢行，高速路封闭。

出门戴口罩。

空气湿度大，减少大功率电器使用。

（5）高温

日最高气温达到35℃或以上，就是高温天气。

高温的危害

高温天气会使人体脱水，导致全身无力、倦怠，出现头晕、恶心等中暑症状。严重时会使人体体液不足，体温上升，从而引起中枢神经机能异常，意识障碍，导致热射病。

高温天气会给交通、用水、用电等方面带来严重影响。

高温会影响植物生长发育，使农作物减产。

防御措施

白天出门最好打伞或戴帽子，避免阳光直射。

要充分饮用凉白开水、饮料，并加少量盐，以补充体内盐分。

室内要有良好的通风。

多食含钾食物，如海带、豆制品、紫菜、土豆、西瓜、香蕉等。

避免过度劳累，保证充足的休息和睡眠。

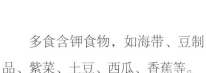

小贴士

夏季看到有人中暑时，应立即将患者转移到通风阴凉处休息，平卧位（不要抬高头部），松解衣扣，给予含盐、清凉饮料，对症处理。

（6）霾

> 霾是指大量极细微的干尘粒等均匀地悬在空中，使水平能见度小于10千米的空气普遍浑浊现象。

霾的危害

霾天气能见度降低，易造成航班延误、取消，高速公路关闭，海、陆、空交通受阻和事故多发。

霾中的微小颗粒可以引起急性上呼吸道感染、急性气管炎等多种疾病，对老人和儿童健康所构成的威胁尤其大，长期处于这种环境还可能诱发肺癌。

防御措施

减少外出，外出时要戴专业防护口罩。

关闭门窗，室内可以使用空气净化器。

饮食以清淡为主，多吃蔬菜水果。

从室外回到室内后，及时清洗口腔、鼻腔。

▶ **小贴士**

PM，英文全称为Particulate Matter，是颗粒物的意思。根据这些颗粒物的直径大小可分为PM_{10}、$PM_{2.5}$、PM_1、$PM_{0.5}$、$PM_{0.1}$等，例如$PM_{2.5}$指直径小于或等于2.5微米的颗粒物。

（7）台风

> 热带气旋是发生在热带或副热带洋面上的低压涡旋，是一种强大而深厚的热带天气系统。我国把西北太平洋和南海的热带气旋按其底层中心附近最大平均风力（风速）大小划分为6个等级，其中风力为12级或以上的，统称为台风。

台风的危害

强风：台风风力达到12级时，垂直于风向平面上每平方米风压可达230千克，危害人民群众的生命安全，并造成极大的经济损失。

风暴潮：风暴潮就是当台风移向陆地时，海水向海岸方向强力堆积，潮位猛涨，水浪排山倒海般向海岸压去。强台风的风暴潮能使沿海水位上升5～6米。

暴雨：台风是非常强的降雨系统。一次台风登陆，降雨中心一天之中可降下100～300毫米的大暴雨，甚至可达500～800毫米。台风暴雨造成的洪涝灾害，是最具危险性的灾害。台风暴雨强度大，洪水出现频率高，波及范围广，来势凶猛，破坏性极大。

防御措施

尽量不要外出。如果在外面，千万不要在临时建筑物、广告牌、铁塔、大树等附近避风避雨。

如果你在开车的话，则应立即将车开到地下停车场。

如果你住在帐篷里，则应立即收起帐篷，到坚固结实的房屋中避风。

如果你在水面上（如游泳），则应立即上岸避风避雨。

如果你已经在结实的房屋里，则应小心关好窗户，在窗玻璃上用胶布贴成"米"字图形，以防窗玻璃破碎伤人。

台风过后需要注意环境卫生，注意食物、水的安全。

台风风力突然减小后不要急于外出或回到船上，这可能是台风眼经过时的平静，过后往往还会有狂风暴雨。

如遇台风加上打雷，则要采取防雷措施。

（8）寒潮

寒潮是极地或高纬度地区的强冷空气大规模地向中低纬度侵袭，造成大范围急剧降温和偏北大风的天气过程，有时还会伴有雨、雪、冰冻灾害。

寒潮的危害

剧烈降温使农作物发生冻害。

寒潮带来的冻雨会导致输电线路中断。

大风、雨雪和降温造成低能见度、地表结冰和积雪，威胁交通安全。

大风降温容易引发感冒、气管炎以及心脑血管疾病。

防御措施

当气温发生骤降时，要注意添衣保暖，特别是要注意手、脸的保暖。

寒潮常伴有雨雪天气，行车注意交通安全。

寒潮常伴有大风，注意关好门窗，固紧室外搭建物。

提防煤气中毒，尤其是采用煤炉取暖的家庭更要提防。

老弱病人，特别是心血管病人、哮喘病人等对气温变化敏感的人群尽量不要外出。

▶ 小贴士

《冷空气等级》国家标准中规定：某一地区冷空气过境后，日最低气温24小时内下降8℃或以上，或48小时内气温下降10℃或以上，或72小时内气温下降12℃或以上，并且日最低气温下降到4℃或以下时，可认为寒潮发生。可见，并不是每一次冷空气南下都成为寒潮。

（9）冰雹

> 冰雹是一种固态降水物，是一些小如绿豆、黄豆，大似栗子、鸡蛋的圆球形、圆锥形或形状不规则的冰块，一般从积雨云中降下，春、夏、秋三季均可发生。

冰雹的危害

猛烈的冰雹易致人伤亡，毁坏大片农田和树木，摧毁建筑物和车辆等。

冰雹常常伴随着狂风、强降水、急剧降温等阵发性灾害性天气过程，给农业、建筑、通信、电力、交通以及人民生命财产带来巨大损失。

防御措施

如在室内，应迅速关好门窗，并远离玻璃门窗，以免因冰雹砸碎门窗玻璃，被玻璃碎片伤到。

如在室外，要迅速进入建筑物等可抗击坠物的设施中。

不要在头顶有玻璃、简易遮挡板、易断树枝等场所躲避。

冰雹含有大气中的多种有害物质，切忌食用。

（10）龙卷

> 龙卷是一种强烈的、小范围的空气涡旋，是在强烈不稳定天气条件下，由空气强烈对流运动产生的，通常是由积雨云底伸展至地面的漏斗状云产生的强烈旋风。

龙卷的危害

龙卷出现时，常会卷倒房屋，吹折电杆，甚至把人、畜和杂物吸卷到空中，带往他处。

龙卷的影响范围虽小，但破坏力极大，常常会拔起大树、掀翻车辆、摧毁建筑物等。

防御措施

人群应立即离开危险房屋或其他简易临时住所，到附近比较坚固的房屋内躲避。

如在汽车中，应及时离开，到低洼地躲避。

看到龙卷时，应迅速朝龙卷移动方向的垂直方向跑，伏于低洼地面、沟渠等，但要远离大树、电线杆、广告牌等，以免被砸、被压或发生触电事故。

躲避龙卷最为安全的地方是位于地下的空间或场所（如地铁或地下室）。

（11）道路结冰

> 道路结冰是指降水（如雨、雪、冰雨或雾滴）碰到温度低于0℃的地面而出现的积雪或结冰现象。

道路结冰的危害

出现道路结冰时，由于车轮与路面摩擦作用大大减弱，容易打滑刹不住车，造成交通事故。

出现道路结冰时，行人容易滑倒、摔伤，甚至造成骨折。

防御措施

尽量不要外出，特别是尽量少骑自行车。

如需出门则要当心路滑跌倒，穿上防滑鞋；同时外出要采取保暖措施，耳朵、手脚等容易冻伤的部位，尽量不要裸露在外。

司机要采取防滑措施（如装防滑链），注意路况，加大行车间距，减速慢行，不要猛刹车或急转弯。

因道路结冰路滑跌倒，不慎发生骨折，应做包扎、固定等紧急处理。

（12）森林火灾

森林的可燃物在有利于燃烧的条件下，接触人为火源或自然火源之后，就能燃烧、蔓延，对森林和人类造成不同程度的危害，这就是森林火灾。森林火灾是一种突发性强、破坏性大、处置救助较为困难的气象次生灾害。

森林火灾的危害

破坏林木，被烧毁的林木要经过很长时间才能恢复生长。

严重破坏生态环境，造成水土流失，一些动植物因此灭绝。

造成较严重的经济损失，危害人民生命财产安全。

林火燃烧产生大量烟雾，极易引发大气污染。

防御措施

发现森林火灾，应及时拨打火警电话"119"，报告起火方位、面积及燃烧的植被种类。

身处火场时，要判明火势大小、风向，用湿衣服包住头，逆风逃生。

如果被大火包围，要迅速向植被稀少、地形平坦开阔的地段转移。如果被大火包围在半山腰，要往山下跑。

当无法脱险时要选择植被少的地方卧倒，扒开浮土直到见到湿土，把脸贴近坑底，用衣服包住头，双手放在身体下面避开火头。

▶ 小贴士

每年11月1日至次年5月31日为青岛市森林防火期，其中2月1日至5月10日为森林高火险期。森林防火期内，林区内严禁任何单位和个人违规用火。

扑救森林火灾，必须服从当地人民政府或森林防火指挥部的统一组织和指挥，扑救队伍应当以专业火灾扑救队伍为主。

（13）山洪、山体滑坡、泥石流

山洪是指山区暴雨或急骤的融冰化雪等引起溪沟中水量迅速增加及水位急剧上涨的现象。

山体滑坡是指山体斜坡上的土体或岩体，受降雨、河流冲刷、地下水活动、地震及人工切坡等因素影响，在重力的作用下失稳，整体或分散地顺斜坡向下滑动的现象。

泥石流是由于受降水、溃坝或冰雪融化影响而形成的一种挟带大量泥沙、石块等固体物质的特高浓度固体和液体的混合颗粒流。

山洪暴发易引起山体滑坡、泥石流灾害。

山洪、山体滑坡、泥石流的危害

山洪可以引起山区水土流失，导致树木根系裸露、树干倾倒，甚至死亡。

山洪、山体滑坡、泥石流常常会冲毁村庄、道路和桥梁，破坏水电站，拥堵河流，冲毁工矿建筑，带来极大的经济损失。

防御措施

山洪来时保持头脑冷静，行动迅速，果断取舍，不要慌乱和浪费时间。

遇到山洪、山体滑坡和泥石流时，不要沿着山体滑坡流动方向跑，要向两侧高处跑。

千万不要强行过河，要耐心等待河水退了以后再过河。

躲避山洪、山体滑坡和泥石流时要远离高压线路、电器设备等危险区域。不要在大树下、陡崖或易滑坡区避雨。

（14）紫外线

> 紫外线（UV）是指阳光中波长在100～400纳米的光线，可分为UV-A、UV-B、UV-C。

紫外线的危害

紫外线增强会使农作物发育受到抑制，导致产量下降。

紫外辐射对基因的损害和破坏可能导致生物物种的改变，进而影响全球生态平衡。

过量的紫外线对材料有影响，会加速高分子材料的降解和老化变质。

紫外线长时间照射在人体上，可能对皮肤、眼睛和免疫系统产生急性及慢性影响。如晒黑、灼伤皮肤等急性作用，造成皮肤癌和眼睛白内障等慢性作用。

防御措施

阳光强烈的情况下尽可能待在室内或阴凉处，特别是在正午时更应如此。

在阳光比较强烈的天气下，在室外应穿长款的衣裤以保护皮肤。

游泳后尽量用毛巾等遮住肩膀和脖子。

外出时戴太阳镜以保护双眼，戴宽边的草帽以保护头、双耳、面部和颈部。

（15）霜冻

霜冻是指白天气温高于0℃，夜间气温短时间降到0℃以下的低温危害现象，是一种农业气象灾害。它与霜不同，霜是近地面空气中的水汽达到饱和，在温度低于0℃的地面或近地面物体上直接凝华而成的白色冰晶。有霜冻时并不一定有霜。

霜冻的危害

造成作物减产，园林植物受冻枯萎死亡。

防御措施

夜间应在温室和大棚上覆盖草帘，防止蔬菜受冻。

因地制宜地对蔬菜、花卉、瓜果等经济作物和大田作物采取灌溉、喷施抗寒制剂、人工烟熏、覆盖地膜等措施。

对秋霜冻受害作物，可利用部分及时收获，不可利用部分及时处理。

根据当地气候许可，选种合适品种，争取霜前成熟。

3 气象灾害预警信号

气象灾害预警信号是指气象部门向社会公众发布的预警信息。预警信号由名称、图标、标准和防御指南组成，分为台风、暴雨、暴雪、寒潮、大风、沙尘暴、高温、干旱、雷电、冰雹、霜冻、大雾、霾、道路结冰等。

预警信号依据气象灾害可能造成的危害程度、紧急程度和发展态势一般划分为四级：Ⅳ级（一般）、Ⅲ级（较重）、Ⅱ级（严重）、Ⅰ级（特别严重），依次采用蓝色、黄色、橙色、红色来表示，同时以中英文标识。

大家需要对橙色、红色预警信号给予高度重视。各种气象灾害预警信号详见附录B。

4 个人防御气象灾害"六字经"

学：经常学习气象防灾减灾知识。

看：关注天气变化，注意收看气象台在各媒体实时发布的气象信息。

察：注意观察天气变化的征兆，对将要发生的气象灾害有准确的预判。

断：切断可能导致次生灾害的电、煤气等灾源，选好避灾场所。

救：利用掌握的救助知识，开展自救和互救。

保：保护好人身和财产安全，同时利用好保险减少损失。

5 青岛市气象信息获取渠道

"青岛气象"
"崂山气象"
"城阳气象"
"黄岛气象"　　"青岛气象"
"即墨市气象"　"崂山气象"
"平度气象"　　"黄岛气象"
　　　　　　　"城阳气象"
　　　　　　　"平度气象"
青岛市气象局（http://qdqx.qingdao.gov.cn/）　　"胶州气象"

微博

微信公众号

网页

青岛天气预报

半岛都市报

可以定制青岛各区、市天
气预报短信（有包月和点
播两种形式）

报纸

短信

天气预警

"墨迹天气"
"天气通"
手机应用"彩云天气"
"天气家"等

"12121"提供实况资料、市区
及各区、市天气预报、海洋天气
预报、气象指数预报、交通气象
等信息查询服务

气象服务电话

手机应用

广播电台

电视节目

青岛广播新闻频道周日8：30播出气象访谈
节目《气象万千随我行》
青岛广播新闻频道每天10个整点直播连线节
目《天天气象》

青岛电视台7个频道每天播出的气象类节目有
《早间气象》《午间气象站》《天气预报》等
青岛电视台一套每天12：30播出天气直播连
线节目
青岛党建频道每周六17：30播出气象访谈节
目《谈天说地》

三　气象监测预报

1 青岛市区气候特点

青岛地处山东半岛东南部，南邻黄海，属温带季风气候。冬季盛行西北风，夏季盛行东南风，雨热同季，四季较为分明，受海洋的影响，自西北向东南沿海地区海洋性气候特点愈加显著。市区南临黄海、西部有胶州湾，由于受到海洋环境的直接影响，气候温和湿润，冬无严寒，夏无酷暑，春末夏初多海雾，呈现出"春迟、夏凉、秋爽、冬长"的显著季节变化特点，良好的气候条件是青岛成为旅游城市的名片之一。

青岛市区年平均气温13.0℃，年平均降水量664.1毫米，年平均风速4.6米/秒，年平均大风39.5天，年平均大雾53.5天。青岛市区年降水量最多为1 353.2毫米（2007年），年降水量最少为308.3毫米（1981年），日降水量最多为241.2毫米（2007年8月11日）；青岛市区极端最高气温38.9℃（2002年7月15日），极端最低气温−16.9℃（1931年1月10日）。

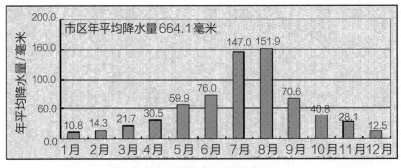

青岛市区各月年平均降水量

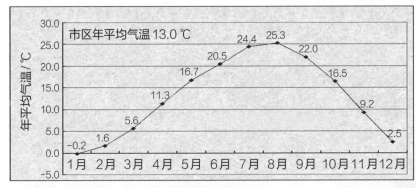

青岛市区各月年平均气温

2 气象地面观测

青岛市气象局地面观测站为国家基本气象观测站。地面气象观测场是获取地面气象资料的主要场所，一般为25米×25米的平整场地，观测的项目主要包括云（云量、云高）、能见度、天气现象、气压、气温、湿度、风向、风速、降水、日照、蒸发、地面温度（含草温）、雪深等。

青岛市气象局气象观测场

主采集器：对采样数据进行处理，与终端计算机或远程数据中心进行交互；担当管理者角色，对构成自动气象站的其他分采集器进行管理。

百叶箱：安装温、湿度仪器用的防护设备。作用是防止太阳对仪器的直接辐射和地面对仪器的反射辐射，保护仪器免受强风、雨、雪等的影响，并使仪器感应部分有适当的通风，能真实地感应并准确地测量外部空气温度和湿度的变化。

主采集器

百叶箱

能见度仪：由发射器、接收器和处理器组成，对能见度进行实时监测。能见度是气象观测项目之一，低能见度对轮渡、民航、高速公路等交通运输，以及市民的日常生活都会产生许多不利的影响。

雨量传感器：对降雨量进行测量的仪器。目前主要有称重式和翻斗式两种雨量传感器。称重式雨量传感器通过对重量变化的快速响应测量降水。

能见度仪	称重式雨量传感器

蒸发传感器：选用高精度超声波探头，根据超声波测距原理，对蒸发器内水面高度变化进行检测，并转换成电信号输出。

地温分采集器：用于测量地温，将获得的采样数据发送给主采集器。地面温度是大气与地表结合部的温度状况，地面以下土壤中的温度称为地中温度。

蒸发传感器	地温分采集器

日照计：测定某一地方在一天中太阳所照射地面时间的长短的一种仪器。日照时数是重要的气象要素，除作为天气指标外，还广泛地用于农业等领域。

风向风速传感器：风向传感器由风向标部件、壳体（内装风向信号发生器）及信号插座组成，用于测量风向；风速传感器由风杯部件、壳体（内装风速信号发生器）及信号插座组成，用于测量风速。一般安装于离地面10米高的测风塔上。

日照计　　　　　　　　　　　　　　　测风塔

3 高空气象探测

青岛市气象局探空站是从事高空气压、气温、湿度、风向、风速观测的台站。全国共有120个高空气象探测站。

探空站每天7时和19时定时施放探空气球，利用雷达跟踪施放升空的探空仪，对不同高度大气的气压、温度、湿度、风向、风速等气象要素进行实时监测，收集从地面到3万米左右高空各层次的气象资料。

高空探测

4 重要气象监测设施

气象卫星：它是高悬在太空的自动化"高级气象站"。1988年9月7日，我国自发研制的第一颗气象卫星"风云一号"成功发射。"风云一号""风云三号"为极轨卫星，轨道高度为800~1 000千米，卫星的轨道平面和太阳始终保持相对固定的交角；"风云二号""风云四号"为静止卫星，高度约35 800千米，其轨道平面与地球的赤道平面相重合，从地球上看，卫星静止在赤道某个经度的上空。2015年，青岛市气象局建成了一套高分辨率极轨卫星遥感接收处理系统，实现了对云系、干旱、积雪、大雾、高温、沙尘、植被、火情、水情、水体等最高分辨率达250米的卫星气象监测。

多普勒雷达：有"超级千里眼"之称，最大探测距离半径为460千米，能够监测到位于垂直地面8~12千米高空中的对流云层的生成和变化，判断云的移动速度，提高了针对突发暴雨、沿海台风和强降水等灾害性天气的监测、预报预警能力。青岛多普勒天气雷达位于黄岛区的大涧山。

青岛市高分辨率极轨卫星遥感监测系统

多普勒雷达

　　自动气象站：自动采集气压、温度、湿度、风向、风速、雨量、蒸发量、日照、辐射、地温、能见度等全部或部分气象要素，自动提供10分钟一次的各种气象监测信息，部分站点提供1～5分钟的气象监测信息。有的自动气象站监测要素少，有的除了常规气象要素监测外，还对环境、路面状况、土壤、能见度、太阳辐射等要素进行全天候监测。目前，青岛市共有180余个不同类型的自动气象站。

　　海洋浮标站：海洋浮标站是海上自动气象站，它是观测海上各类气象要素的重要气象设施，能够自动定时地测量风速、风向、气压、气温、降雨量、湿度、波高、波向、波周期、海流、海面温度、盐度等要素。它观测到的气象数据通过无线通信设备实时传输至气象局，及时供气象专家们分析和处理。目前青岛市有2个直径为10米的大浮标站，用于加强海洋气象监测。

自动气象站　　　　　　　　　　　　　　　海洋浮标站

　　负离子观测站：观测不同类型区域的大气中负离子浓度的变化情况。青岛市共建了4套负离子观测站。

　　大气电场仪：能够实现对半径15～20千米区域的大气电场强度进行监测，可在首次雷击前15～20分钟发出雷电预警。目前青岛市共有大气电场仪27套，形成了大气电场仪联合组网。

负离子观测站

大气电场仪

交通自动气象站：分布在高速公路和重要交通要道上，实时监测雾、降雨、降雪、大风、雷电、道路结冰等天气，有利于交通管理部门根据监测到的准确气象信息，科学进行交通调度指挥，最大限度地降低恶劣天气给交通大动脉造成的影响。目前，青岛市有20余套交通自动气象站。

农业小气候观测站：针对农业生态环境和农业生产活动环境设计的一款小型自动气象站。观测要素包括气温、地温、总辐射、光合有效辐射、二氧化碳含量等，有条件的站点还加装了蔬菜长势自动观测系统。青岛市共有小气候观测站6套。

交通自动气象站

农业小气候观测站

自动土壤水分观测站：能够准确及时地测量土壤含水量，完成土壤水分贮存量信息的采集、处理、存储及传输。广泛应用于土壤墒情监测、农业气象、生态环境及水文环境领域。目前，青岛市有自动土壤水分观测站8套。

自动土壤水分观测站

风廓线雷达：通过向高空发射不同方向的电磁波束，接收并处理这些电磁波束因大气垂直结构不均匀而返回的信息进行高空风场探测的一种遥感设备，可实现对大气风、温等要素的连续遥感探测。青岛市气象局对流层风廓线雷达有效探测距离可达6～8千米。另配有边界层移动风廓线雷达，有效探测距离可达地面上空3～5千米。

对流层风廓线雷达

边界层移动风廓线雷达

5 什么是天气预报

天气预报就是应用大气变化的规律，根据当前及近期的天气趋势，对某地未来一定时期内的天气状况进行预测。它是预报员根据各地气象观测资料绘制成地面、高空天气图及各种图表，再结合卫星云图、雷达探测资料和数值天气预报结果进行分析，然后进行天气会商，最后由首席预报员归纳、综合判断，总结出预报结论。并及时服务于社会公众，以便趋利避害，最大限度地保障人民群众生命财产安全。

天气预报是对某一地区未来一段时期内天气变化的预先估计和预告。

针对性
不确定性

什么地方？ 什么时间？

还未发生，但可能出现的天气

要预知未来？！

6 天气预报的种类

目前天气预报根据预报时效划分如下：0~2小时为临近预报；0~12小时为短时预报；0~3天为短期预报；4~10天为中期预报；11~30天称为延伸期预报；30天（月）以上为长期预报。

时间用语

白天：是指一天中的08时至20时的时间段。

夜间：是指当日20时至次日08时的时间段。

各时段用语：

凌晨：03—05时。

早晨：05—08时。

上午：08—11时。

中午：11—13时。

下午：13—17时。

傍晚：17—20时。

上半夜：20—24时。

下半夜：次日00—05时。

半夜：当日23时至次日01时。

未来几天：是指从当日开始至结束的时间段内。如未来3天，是指从当日开始算起的连续3天，即包括当日、次日和第三日。

温度用语

最高气温：一般出现在白天，受太阳辐射影响，最高气温常出现在当地的14—15时。但是，如果遇到天气系统的影响，一天中最高气温也可能出现在其他时段。

最低气温：一般是指第二天早晨出现的最低气温，往往出现在早晨日出之前，即06时前后。同样，如果遇到天气系统的影响，一天中最低气温也可能出现在其他时段。

天空状况用语

晴天：一般是指天空云量不到二成。较严格的规定是：天空无云，或有零星的云块，其中，中、低云量占不到天空的1/10，或高云云量占不到天空的4/10。

少云：是指天空云量为二到四成。较严格的规定是：天空中有占1/10~3/10的中、低云，或有占4/10~5/10的高云。

多云：天空云量为五到七成。较严格的规定是：天空中有占4/10~7/10的中、低云，或有占6/10~8/10的高云。

阴天：天空云量在八成以上。较严格的规定是：天空阴暗，中、低云量占天空面积的8/10及以上，或天空虽有云隙，但仍有阴暗之感。

若天空云量变化不定，则用"晴到少云""多云间阴天""阴天间多云"等来表示。

7 气象台怎样预报天气

天气预报的制作要经过一个复杂的过程。首先，分布在全球各地的地面、高空、海洋、船舶、天气雷达、卫星等各种气象观测站和设备，每天在规定的时间里，对大气进行系统的气象观测，获取最新的气象观测资料。这些反映了大气实际状况的气象观测资料，通过高速计算机通信网络迅速传递到世界各地的气象台。接下来，气象台的数据处理中心运用大型计算机，对气象观测资料进行加工处理与分析。预报员根据各种气象观测资料的分析结果，运用天气学、统计学、动力学等预报方法，结合实际工作经验，进行集体会商，对天气系统状况进行诊断与综合分析，做出未来的天气预报。之后，天气预报产品通过广播、电视、报纸、互联网、手机等各种载体传递给用户。

8 为什么卫星云图可以用来预报天气

过去，人们只能从地面上观测云时，所看到的云的范围并不大，且每当低空有浓云密布时，上面的云被低空的云遮住了，就难以观测到上面云的情况。而气象卫星是在一切云层之上鸟瞰大地，所以可以弥补地面观测的缺陷。一幅卫星云图就好像某种天气系统的画像，人们根据卫星云图上各种云系的分布，就可以知道天气系统的分布，进而推测出未来各地的天气情况。

我们在电视天气预报节目中所看到的卫星云图是红外图像通过计算机处理、编辑而成的彩色图片，图上白色代表云层或积雪，蓝色代表海洋，绿色代表陆地、植被或森林。

卫星云图

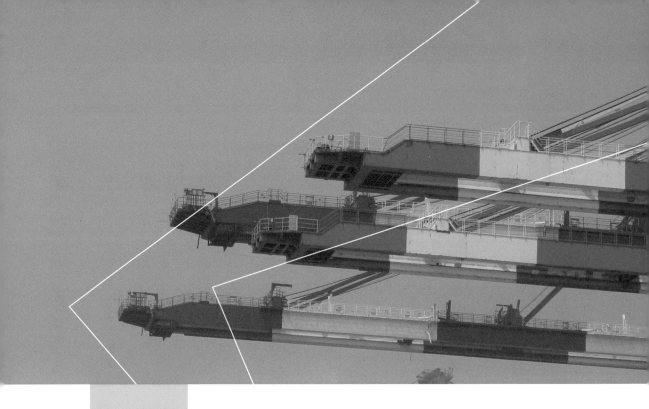

四 气象服务

1 公共气象服务

　　大气无处不在，气象服务如影随形。每当遇到天气变化时，大家都能很便捷地查询到需要的气象信息，这就是公共气象服务给人们带来的实惠。

　　公共气象服务是指利用公共气象资源向公众、社会各行各业和政府决策部门提供公益性气象服务的社会生产活动，主要包括决策气象服务、公众气象服务、专业专项气象服务和气象防灾减灾。

　　决策气象服务是为各级政府和决策部门指挥生产、组织防灾减灾，以及在气候资源合理开发利用和环境保护等方面进行科学决策提供气象信息。如当台风、暴雨等重大气象灾害来袭时，或者举行啤酒节、帆船赛等重大活动时，或者实施森林灭火等应急处置时，决策者和组织者都需要气象部门提供准确、及时的气象服务。

　　所以，政府决策部门常收到气象部门的各类信息专报。

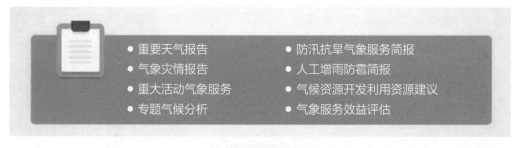

- 重要天气报告
- 气象灾情报告
- 重大活动气象服务
- 专题气候分析
- 防汛抗旱气象服务简报
- 人工增雨防雹简报
- 气候资源开发利用资源建议
- 气象服务效益评估

决策气象服务产品

　　公众气象服务是通过电视、广播、报纸、网站、手机等各种载体为社会公众提供的气象服务。目前，青岛电视台每天有9套日播气象节目，覆盖全部7个频道各主要时段，1套电视深度访谈节目《谈天说地》每周六在党建频道播出；5套气象节目在中国气象频道插播；广播电台新闻频道每天10个整点直播连线节目《天天气象》，周播访谈节目《气象万千随我行》收听率稳居周播节目榜首；气象预报在公交移动传媒日均覆盖3 000多辆公交车、300万人群；气象手机短信有30多万手机用户；"12121"气象自动语音答询系统年拨打量 1 000 万次以上；开通的"青岛气象"官方微博、"青岛天气"微信公众号受到用户欢迎。多年来，青岛市社会公众气象服务满意度一直保持在 85 分以上。

《早间气象》节目　　《午间气象站》节目　　晚间《天气预报》节目　《今日》电视直播连线

电台访谈节目　　　电视访谈节目　　　电台直播连线　　报纸《一周气象专家谈》

广播电视气象节目

专业专项气象服务是指根据各行各业个性化的需求，专门制作并提供的有针对性的气象服务。关于气象专业专项服务带来的效益，有个著名的德尔菲气象定律，即气象上的投入产出比大约为 1∶98（投入 1 元钱，就可以得到 98 元的回报）。据统计，目前我国的气象投入产出比约为 1∶69，气象信息带来的生产效益已经被更多的行业发掘。目前，青岛专业专项气象服务领域已涵盖了农业、工矿、城建、交通运输、水利、电力、旅游、仓储、环保以及文化体育等行业和部门。

专业专项气象服务

气象防灾减灾是公共气象服务的重要内容。多年来，青岛市建立了"政府主导、部门联动、社会参与"的气象防灾减灾工作机制，气象部门与各媒体、通信部门联合构建了畅通的气象信息发布网络。全市气象部门积极打造"防灾减灾，气象先行"党建品牌，经常性地开展气象科普"进农村、进社区、进学校、进企业"活动，提高了全社会的气象防灾减灾意识。

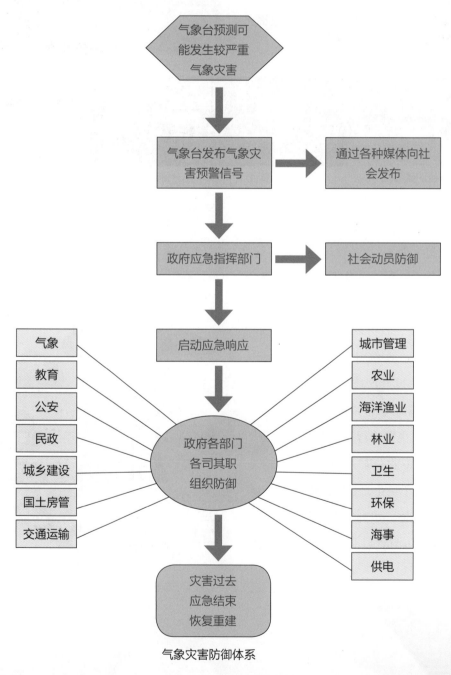

气象灾害防御体系

2 海洋气象服务

青岛海岸线总长816.98千米，海域面积1.22万平方千米。海洋气象服务尤为重要。

海洋气象灾害主要包括以下四种：

台风。年均1.5个台风影响青岛市区及东部沿海地区，台风易对海洋渔业生产、海上交通造成很大影响，易导致海岸侵蚀、海堤溃决、海水倒灌冲毁房屋和各类建筑设施，造成土地渍化，并带来人员伤亡和财产损失。

2014年"麦德姆"台风

大雾。青岛市区年均出现大雾53.5天，大雾容易引发海上交通事故，并对海上作业生产造成影响。

海雾

海上大风。青岛地处沿海，大风较多，8级以上大风多出现在冬、春两季，会给海上交通运输、海上作业造成巨大损失或威胁。"逢七不开"是海上航运安全最简洁的警示标语，指的是海上风力达到7级或以上时，所有客滚船一律停航，严禁出海。

风暴潮。由大风和高潮水位共同引起的风暴潮也会严重影响海上生产和海岸的安全。

每年5月底，浒苔陆续大量涌入青岛近海，给青岛的旅游、水产养殖等方面带来影响。浒苔处置给气象服务提出很高的要求，既要为海上打捞作业安全提供保障，又要为浒苔的运输、填埋区气体扩散提供精细化服务，重点是做好大风、大雾、雷电和强降水等灾害性天气的监测预报服务。近年来，青岛市气象局还增加了极轨卫星遥感监测浒苔、海温等功能，以跟踪监测浒苔发生、发展及移动态势。

可以说，气象预报预警是海上交通、渔业养殖、港口作业等行业的"安全阀"和"消息树"。为深入了解服务需求，青岛市气象局每年召开海洋气象服务联席会议，征求用户的意见和建议，成员单位已经覆盖海上管理、渔业捕捞、港口作业、海洋装备、海洋能源、滨海旅游等全市主要涉海、涉港部门。青岛市气象局将青岛海岸、岛屿和近海海区划分为交通航行区、港口作业区、渔业捕捞区、船舶制造区、帆船运动区、滨海旅游区和生态保护区七大类"海洋功能区"，通过海洋气象服务平台提供面向不同海洋功能区的精细化服务。开发的近海精细化预报产品达到了空间分辨率3千米，时间分辨率

浒苔

1小时，为海上交通、渔业生产和海上作业提供了保障。在青岛港，引航员会通过手机里的客户端，实时查询到海流、风向、风速、能见度等监测信息和预报预警信息，科学地安排好航程，既保证了航行安全，又提高了效益。

在海上怎样才能收到实时的气象信息呢？青岛市气象局联合市海洋与渔业局，通过渔业电台打造海洋气象信息发布的"绿色通道"，每艘渔船配有专门的接收设备（单边带电台、超短波对讲机、北斗设备等），覆盖全市近5 000艘渔船、100万渔民。青岛市气象局还与用户联合开发专业的手机客户端，为引航、海上搜救和港口作业等保驾护航。

海洋气象服务联席会议

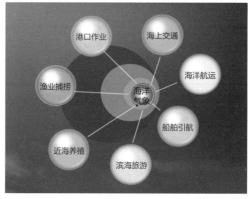

海洋气象服务领域

3 城市气象服务

青岛常住人口达900多万，城市规模不断扩大，在频发的气象灾害面前，城市运行显示出脆弱性的一面，主要表现为：

一是城市热害。城市的热岛效应，使城市高温现象突出，这种灾害威胁到城市居民的身体健康，造成城市供水、供电紧张，并加剧城市光化学污染，严重影响到城市居民的生产、生活。

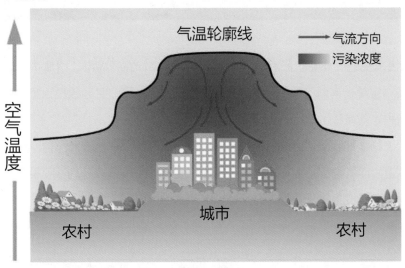

城市热岛效应

二是暴雨洪涝灾害。在城市高层建筑集中区，热岛环流有利于城市上空的热对流发展，易引发暴雨。遇到强降雨，地势低洼和排水不畅的地区易发生交通瘫痪，影响城市正常运转和市民正常生活。

三是积雪灾害。冬季发生降雪天气时，易造成交通瘫痪、通信中断、树木受损等。

四是风灾。城市高层建筑的狭管效应使局部风速增大，一些公共设施成为新灾源。

五是雾害。雾天因能见度差，交通、航空受其影响很大。

城市规划、建设、运行和管理都离不开气象服务。青岛市气象局开展了气象灾害风

暴雨洪涝灾害

大风灾害

险区划、城市热岛强度、胶州湾气象变化和城市建设关系的研究，公布实施暴雨强度公式作为城市建筑排水与防洪排涝设计重要参数，为城市的规划和建设发挥了参谋作用。城市供暖需要精细化的气温预报，供暖部门根据气象预报预警来科学调整供暖时间和热度，"看天供暖"既确保了居民家里温度平稳，又节省了能源。遇有强降雨、降雪天气，青岛市区的交通会承受巨大的压力，而提前发布的气象预报预警信息在趋利避害中发挥着重要作用，市防汛抗旱指挥部、公安、市政、城建等部门根据气象部门的预报预警，

*　在政府推动下，胶州市全市11139名各级网格员（长）担负起了所负责网格内的气象信息传播与气象灾害防御组织工作，构建起无缝覆盖的网格化气象防灾减灾和"家门口"的"零距离"气象便民服务体系。

气象融入城市网格化管理

及时启动应急响应，全力排除险情，将灾害损失降到最低。目前，气象信息已融入各级城市管理平台，成为城市运行和管理的好帮手。

市民的日常生活与气象也有着密切关系。目前，青岛市气象局的精细化预报产品做到了定时、定点、定量，能够为市民提供天气实况、常规天气预报、专业预报、短时临近预警四大类40余个服务产品。

为做好生态环境气象服务，青岛市气象局与环保局密切合作，实现了环境气象监测设备共建共享，共同开展重污染天气的监测、预警和霾污染天气的预报预警技术研究。双方每天通过视频会商系统定时会商，共同向社会公众发布空气质量气象监测预报信息及重污染天气预报预警等信息。

4 农业气象服务和农村气象灾害防御

农业气象灾害主要有干旱、暴雨、冰雹、寒潮、大风、低温冻害、台风、雷电等，对农业生产、农民生命财产安全造成严重影响。据2013—2015年统计，干旱、暴雨、冰雹、大风等气象灾害在全市年均造成农业、农村直接经济损失近2亿元。

围绕农业生产，气象部门除提供常规气象预报和预警信息外，还开发了关键农事季节农业气象条件预报、农用天气预报、农田土壤墒情等服务产品。针对特色农业和设施农业，开展了崂山茶叶等特色作物以及虾、海参等主要水产养殖种类的精细化农业气候区划，制作了设施农业气象服务产品。

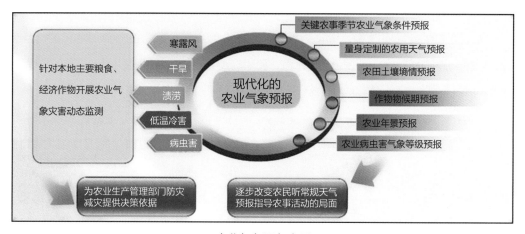

农业气象服务产品

针对专业种植养殖大户、农民专业合作社、农业龙头企业等，青岛市气象局联合农业部门开展了直通式气象服务，为用户制作看得懂、用得上的服务产品，并提供一对一的指导服务，全市服务对象达450多个。

全市建立了完善的农村气象灾害防御体系，包括各级政府气象灾害防御领导小组、85个气象服务站、近6 000名气象信息员，由电视、广播、大喇叭等组成了畅通的预报预警信息发布网络。

5 人工影响天气助力气象服务

人类一直在探索利用人工干预的方法来影响天气，但始终没有进展。直到1948年，人们才真正发现了科学的人工降雨方法。

人工影响天气是指为避免或者减轻气象灾害，合理利用气候资源，在适当条件下通过人工干预的方式对局部大气的云物理过程进行影响，实现增雨（雪）、防雹等目的的活动。

人工增雨（雪）的原理是向云层中播撒碘化银、干冰等催化剂，增加云层中的凝结核，吸附云中的水汽，使形成的云滴不断增大形成雨滴，当空气浮力托不住雨滴后，就降落形成了雨，这样就完成了人工增雨作业。人工增雨不是"无中生有"，必须具备一定的空中云水条件。当云体具备了人工增雨的作业条件，此时通过飞机或地面火箭、高炮、烟炉等将催化剂输送到云中的有效部位，就能够起到人工增雨的作用。

人工防雹的原理是用火箭、高炮或飞机直接把碘化银、干冰等催化剂送到冰雹云的特定部位，增加云层中的凝结核，吸附云中的水汽，使冰雹云中已有的小冰雹长不大，这样，降落下来的小冰雹受到空气的摩擦和增温，落到地面就形不成灾害，这样就完成了人工防雹工作。

人工影响天气会不会造成污染环境呢？目前常用的催化剂是干冰和碘化银。干冰的成分是二氧化碳，它就是空气的组成部分，对环境不会造成污染。碘化银中含有的银离子可能会对人体和生物有害，但是碘化银具有很高的成冰能力，每克碘化银物质可以产生出数万亿个冰晶，人工影响天气作业时，每平方千米所播撒的剂量仅仅为十分之几克到几十克，用量极小，因此，也不会造成污染。美国和前苏联等国都曾经做过监测，发现在人工影响天气长期作业的地区，水体和土壤中累积的银离子也仍

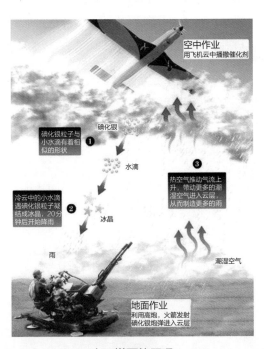

人工增雨的原理

然不会超过卫生标准。所以，人们不必担心人工影响天气会污染环境。

飞机增雨

火箭增雨

高炮增雨

烟炉增雨

▶ **小常识**

人工影响天气的发现

美国物理学家谢弗从事过冷却水研究，他制造了一台能产生寒冷的湿空气的制冷器，想研究出制造冰晶的方法。实验时，谢弗往他的小机器里呼一大口气，然后开始冷却，再往冷空气中投放一点点粉末，比如面粉、糖粉等。谢弗耐心地做了几个月实验，往机器里扔进去各种他能够想得出来的粉末，但是竟然没有一种物质可以形成雪花或雨珠凝结的中心。

1946年7月里的一个下午，炎日当空。谢弗想用干冰加快空气降温的过程。他打开制冷机的盖子，把冒着白汽的干冰扔进去。这时，他又往制冷器里长长吐了一口气。突然感到眼前一片银色的光芒在闪烁，在照射进制冷器的一束阳光里，他看见了无数晶莹的银色晶体在滚动。谢弗立刻明白了，这正是他梦寐以求的冰晶。经过无数次失败，他竟然在偶然的一挥手之间成功了。

同年11月，谢弗进行了第一次对自然云层的人工催化试验。他用飞机将1.36千克干冰碎块投入云顶温度为−20 ℃的过冷层状云中，5分钟后，云下出现了降雪。谢弗的实验在人类影响天气的历史上揭开了新的一页。

同年，青年科学家冯内古特查阅了大量资料，通过实验发现碘化银也可以达到同样的效果。碘化银催雨剂一经使用，很快获得了比干冰更为广泛的应用，因为碘化银很容易从地面上用简单的装置发射到云层中，不像使用干冰那样麻烦。

今天，耕云播雨已经不是神话。谢弗和冯内古特的发明，给苦于干旱的人们带来了福音。他们勤于观察、勤于思索、锲而不舍的探索精神，也将被人们长久地传颂。

6 气象信息服务站

气象信息服务站作为基层气象信息员的一个小的聚集点，依托区、市气象信息网站接收天气预报、气象专报、气象科普以及气象预警等信息，同时，也可借网站上传气象灾害调查结果、气象宣传材料、气象信息员联络方式等。区、市气象局负责定期对气象信息服务站站长、气象协理员、气象信息员的相关培训工作。气象信息服务站应符合"五有"标准。

"五有"标准

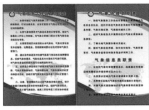

有场所、有人员、有装备、有职责、有考核

辖区气象科普宣传的聚集点

辖区气象信息员的聚集点：负责辖区气象信息员的管理、培训、考核

辖区气象信息聚散的聚集点：气象农事指导、气象灾害预警等信息来源于此；气象灾情调查信息等汇聚于此

五　气象与生活

1 气象与交通

现在，公众的出行与天气密切相关，无论是大雾还是雷暴、道路结冰、大风等其他恶劣天气，常常会限制公路、铁路、航空、海上交通的正常运行。2015年4月，青岛就出现了连续3天的大雾天气。全城大雾弥漫，能见度极低，交通不畅或严重瘫痪，真的出现"你站在我面前，我却看不见你"的窘境。在这种情况下，车辆、行人出行前了解一下天气预报，提前采取措施，就可以让我们未雨绸缪，安全应对。

根据公安部道路交通事故统计报告，我国每年有10%左右的交通事故与大雾、霾、大风、暴雨、雷电、高温、道路结冰等恶劣天气有直接关系。

大雾天气使能见度降低，妨碍驾驶员视觉，使驾驶员产生错觉，高速公路部分低洼路段常出现团雾，影响驾驶员的观察和判断。若能见度小于50米，车辆应禁止驶入高速公路，已进入高速公路的车辆，必须按规定开启雾灯，缓慢驶离雾区，车速不得超过20千米/时。

霾、浮尘、扬沙以及沙尘暴天气不仅影响空气质量，更对铁路安全运输构成影响。在行驶中的电力机车上，飘浮在空中的粉尘颗粒会积聚在车顶高压器件上，很容易产生放电现象，造成设备故障，给行车安全和铁路电网带来不利影响。

大风天气时，飞扬的尘土会遮挡驾驶员视线，影响其正常观察和判断，如果风力过大，还容易使车辆侧滑甚至侧翻。

高温天气中，路面温度远高于空气温度，这就加大了车辆爆胎、甚至自燃的风险。

车辆在冰雪路面上行驶时，因汽车轮胎与路面的摩擦系数减小，附着力大大降低，汽车的驱动轮很容易打滑或空转，尤其是上坡、起步、停车时还会出现往后溜车的现象。

道路积水易导致车辆熄火抛锚。据调查统计，只要短时（1小时）的强降水达到15毫米就能造成城市交通干线积水；当积水达到20毫米时，行人步行困难；积水超过30毫米时，自行车和小汽车行进受阻；当积水超过机动车底盘时，极易造成机动车熄火抛锚，由此引起城市交通的拥堵甚至瘫痪。

飞机起飞、飞行、降落的各阶段同样会受到气象条件的影响。雷暴是夏季影响飞行的主要天气之一。闪电和强烈的雷暴电场能严重干扰无线电通信，甚至使通信联络暂时中断。雷暴产生的强降水、雷电、冰雹等，都会给飞行带来很大困难，严重的会使飞机失控、损坏，直接威胁飞行安全。

船舶在航行时同样会受到气象条件的影响。影响最为严重的是大风、大浪、大雾。它们不仅使船舶降低航速，增加航行时间，而且浪费燃料，延误到达时间，甚至造成船舶偏航、触礁、搁浅、碰撞。遇有这些天气要谨慎驾驶，有条件的要回港躲避。

为了更好地做好恶劣天气里的交通气象服务，青岛市气象部门及时将天气实况信息、预报预警信息提供给公安、交通、应急、旅游等管理部门，为城市交通安全和运营提供有力的气象保障。

2 气象与体育锻炼

多年来，人们形成的固定思维是锻炼身体以早晨为最佳，其次是黄昏，因为那时的空气最新鲜。但是，如今由于城市空气污染的缘故，最佳锻炼时间也发生了变化。户外的气象条件，如天气情况、降水、风力、温度、湿度和空气的清洁度等时时刻刻影响、制约着人们的感受和行动。

什么时间的空气最洁净？研究证明，在一般情况下，空气污染每天有两个高峰期，一个为日出前，一个为傍晚。特别是冬季，早晨和傍晚在冷高压的影响下往往会有气温逆增现象，即上层气温高，而地表气温低，大气对流近乎停止。因此，地面上的有害污染物不能向大气上层扩散，停留在下层。这时，有害气体要高出正常情况下的2～3倍。

什么样的天气不适合室外锻炼？如果冷风呼啸天气突变时未能事先增添衣服而冒然外出运动，容易患伤风感冒或其他疾病。再如在雨雪天中或雨雪过后，道路、场地湿滑，这时跑步、散步锻炼就容易摔倒跌伤甚至导致骨折。遇到浓雾或空气污染严重时，空气中的尘埃和其他污染物浓度增加，空气质量下降，在户外锻炼会危害我们的健康。其实，要达到保持健康的效果，每天至少要进行30分钟的中等强度以上的运动，选择合适的室内运动完全可以达到同样的锻炼效果。

晨练前看一下晨练气象指数，气象条件的好坏会直接影响晨练的质量。青岛市气象部门根据天空状况、风、温度、湿度、污染状况等气象条件，将晨练气象指数划分为5个等级，并每天制作，通过天气预报节目、网站等渠道发布。只要正确利用好晨练气象指数，适应不同的气象条件进行晨练，就会收到更佳的锻炼效果，健康就会长久地陪伴您。

晨练气象指数表

1级	非常适宜	各种气象条件都很好，凉风，放心晨练
2级	适宜	一种气象条件不太好，稍冷风，进行晨练
3级	较适宜	二种气象条件不太好，冷风，可以晨练
4级	不太适宜	三种气象条件不太好，很冷风，建议暂停
5级	不适宜	所有气象条件都不好，极冷风，必须停止

3 气象与健康

天气变化可引起人体发生一系列的生理反应，影响身体健康。

据统计，青岛市的鼻炎发病率逐年升高，这是因为青岛地区空气湿度较大，比较适合尘螨、霉菌等过敏原的生长繁殖，同时沿海气候使得空气中的氯化钠含量较高，空气中的"盐"成分多，也容易诱发鼻炎甚至哮喘。另外，花粉过敏也是青岛市鼻炎多发的原因之一，每年春夏之交的四五月份，花粉粒较多，秋冬之交的八九月份，草种比较多，而且气温变化比较大，极易诱发鼻炎甚至哮喘。这时就要注意随天气变化适时增减衣物，户外活动时戴口罩，并且多喝水，防止鼻腔及上呼吸道干燥。

中暑发生于高温季节，高温、高湿、少风是主要诱因。当气温在 35 ~ 39 ℃时，人体余热的三分之二靠出汗排出，但湿度较大就会影响排汗，造成人体体温调节机能失调而发生中暑。

感冒一年四季可发，但冬季为多发季节，特别是冷空气南下时，气温剧降，如果不及时增衣御寒，就容易感冒。另外，冬季冷空气过后，由于天气晴朗，一天内温差较

大，也容易着凉感冒，同时，寒冷的环境下易发生冻疮，天气转凉易引发痛风性关节炎等疾病。

心肌梗死与锋的活动有关（锋是一种天气系统，简单地说，是冷暖空气交汇的界面）。锋的到来往往会引起天气变化，由于寒冷的刺激，使人体血管收缩，周围阻力增加，动脉平均压升高，引起心肌缺氧严重，容易导致心肌梗死发作。

在高原上，人体对低气压不适应会有高原反应；强烈的紫外线照射会引起日光性皮炎；关节炎患者对气温、湿度的变化会很敏感；哮喘患者易在气温、气压突然下降时发病等。可见，气象与我们的身体健康有着密不可分的联系。

其实，人们还可以利用气象条件来治疗疾病。在海拔400米以下的平原地区，夏季温暖，日照充分，相对湿度宜人，不会让人产生炎热和寒冷的感觉，有利于治疗神经官能症、动脉硬化、呼吸道等疾病。海拔1 000米以上的山地，气压相对较低、太阳辐射充足，紫外线丰富，空气清洁，有利于治疗哮喘、肺结核、贫血等疾病。海滨地区，例如青岛，冬无严寒，夏无酷暑，空气湿润清新，对身体的疗养、康复极为有利。

4 无处不在的气象指数

"今天的人体舒适度指数是4，感觉稍冷，少部分人不舒适；今天的穿衣指数是7，较冷，建议穿厚毛衣、羊毛裤等；今天的疾病指数是3，疾病可能发生，请保持室内空气清新……"现如今，越来越多的气象指数开始走进我们的视野，把原本看不见、摸不着的气象要素形象地表现为数字和等级，也让天气预报更加精准和科学。

气象指数预报是气象部门根据公众普遍关心的生产生活问题和各行各业工作性质对气象敏感度的不同要求，引进数学统计方法，对气压、温度、湿度等多种气象要素进行计算而得出的量化预测指标。这些指数是对天气预报的进一步深化。

根据公众的需求，可以把气象指数分为生活气象指数、医疗健康气象指数、旅游休闲指数、交通航运等几大方面。中国气象局制定了发布舒适度指数、晨练指数、紫外线指数、穿衣指数、感冒指数、旅游指数、洗车指数、晾晒指数等8种常用生活气象指数产品的业务工作规范。

那怎么才能读懂气象指数呢？在一般情况下，指数都是分级显示的，并会在指数释义中解释当前哪种气象条件能对生活生产造成影响。不同的气象指数所代指范围不同，

---

①SPF：防晒因子，用以评估防止紫外线（UV-B）的防护效率。

②PA：用以评估防止紫外线（UV-A）的防护效率。

气象指数的数值大小与给出的建议没有绝对对应关系。在平稳的天气环境下，气象指数也趋于稳定。当有特殊的天气出现时，气象指数就会有明显的等级变化。

例如穿衣指数，是根据自然环境对人体感觉温度影响最主要的天空状况、气温、湿度及风等气象条件，对人们适宜穿着的服装进行分级，以提醒人们根据天气变化适当着装。一般来说，温度较低、风速较大，则穿衣指数级别较高。穿衣指数共分8级，指数越小，穿衣的厚度越薄。

紫外线指数是指当太阳在天空中的位置最高时（一般是在中午前后，即10—15时），到达地球表面的太阳光线中的紫外线辐射对人体皮肤的可能损伤程度。紫外线指数变化范围用0～15的数字来表示，通常，夜间的紫外线指数为0，热带、高原地区、晴天时的紫外线指数为15。紫外线指数越高，表示紫外线辐射对人体皮肤的红斑损伤程度越高，在越短时间里对皮肤的伤害也越大。

5 气象与景观

气象景观是在特殊的气象条件下，配合一定的地理环境和天文条件而自然形成的。气象景观大都离不开春夏秋冬、晨昏晓夜、日月星光、霓虹晕蜃、霜雾冰雪等景象。

（1）遥不可及的奇观——海市蜃楼

2015年，青岛西海岸新区灵山湾海域，在灵山岛附近，海平面上出现几座高楼状的物体，原本空荡的海平面突然出现海市蜃楼奇景，一时间令人分不清是天上，还是人间。海边的万余人大饱了眼福。那么，到底为什么会产生这种现象呢？

在大气很稳定、风力较小，并且有强烈的逆温层，大气密度随高度有明显变化的情况下，在海洋或沙漠地区，就有可能出现海市蜃楼。

▶ 小常识

"海上仙境"为何多为正立

夏季，在太阳光照射下，海面上的下层空气温度最低，随高度升高，温度也越来越高，但各层间温度变化的程度比较均匀，没有特别突出的突变层。从海面上发出的光，

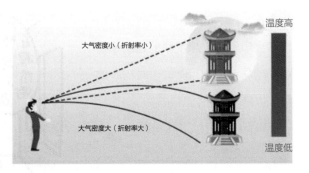

在射向高空过程中，几乎是同等程度地被折射，虽然最后都发生全反射，但发生全反射的位置不同，下面的点全反射依旧在下面，就出现了正立的海市蜃楼。

（2）白色的"鹿茸"——雾凇

在崂山，若气温在0℃以下遇到雾天，水汽就会像神奇的美发师，把弥漫的雾珠变成白色的"摩丝"挂在树木花草上，使树枝丫变成白绒绒的"鹿茸"，这白色的物质在气象学中称为雾凇。雾凇俗称"树挂"，是空气层中的水汽直接凝华或过冷雾滴直接冻结在地物迎风面上的乳白色冰晶。它的形成是温度、湿度、气压、气候和地理环境共同作用的结果。一般分为两类：一类是粒状的，另一类是针状的。

那么，到底是什么样的气象条件能形成雾凇这举世闻名的自然奇观呢？

形成雾凇的首要条件，既要求冬季气温低，又要求空气中有充足的水汽。其次，既要天晴少云，又要静风，或是风速很小。空中的云如同大地的一床被子，夜间有云时，削弱了向外的长波辐射，使地面气温降低较慢，昼夜温差相对较小，近地面空气中的水汽就不会凝结。若是掀掉了这床被子，热量就更多地散发出去，使得地面温度降低，为水汽的凝结提供了必要条件。大风是雾凇形成过程中的天敌，它总能把形成过程中结构松散的冰晶吹散，即使簇拥在一起的雾凇也会被吹得无影无踪，微风或静风条件为水汽凝华成雾凇提供保障。根据历年气象资料统计，崂山东、南两面临海，气流中水汽含量充沛，湿度较大。这些水汽碰到树枝上瞬间凝华成松软的冰晶，愈凝愈多就形成了厚厚的雾凇奇观。

附录

附录A 常见天气现象的等级划分标准

表A1 不同时段的降雨量等级划分表 （单位：毫米）

等 级	12小时降水总量	24小时降水总量
微量降雨（零星小雨）	＜0.1	＜0.1
小雨	0.1～4.9	0.1～9.9
中雨	5.0～14.9	10.0～24.9
大雨	15.0～29.9	25.0～49.9
暴雨	30.0～69.9	50.0～99.9
大暴雨	70.0～139.9	100.0～249.9
特大暴雨	≥140.0	≥250.0

表A2 不同时段的降雪量等级划分表 （单位：毫米）

等 级	12小时降水总量	24小时降水总量
微量降雪（零星小雪）	＜0.1	＜0.1
小雪	0.1～0.9	0.1～2.4
中雪	1.0～2.9	2.5～4.9
大雪	3.0～5.9	5.0～9.9
暴雪	6.0～9.9	10.0～19.9
大暴雪	10.0～14.9	20.0～29.9
特大暴雪	≥15.0	≥30.0

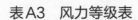

表A3 风力等级表

风级	名称	相当于空旷平地上标准高度10米处的风速/（米/秒）	陆地物象	海面波浪	一般浪高/米
0	无风	0~0.2	静，烟直上	平静	—
1	软风	0.3~1.5	烟示风向	微波峰无飞沫	0.1
2	轻风	1.6~3.3	感觉有风	小波峰未破碎	0.2
3	微风	3.4~5.4	旌旗展开	小波峰顶破裂	0.6
4	和风	5.5~7.9	吹起尘土	小浪白沫波峰	1.0
5	劲风	8.0~10.7	小树摇摆	中浪白沫峰群	2.0
6	强风	10.8~13.8	电线有声	大浪白沫离峰	3.0
7	疾风	13.9~17.1	步行困难	破峰白沫成条	4.0
8	大风	17.2~20.7	折毁树枝	浪长高有浪花	5.5
9	烈风	20.8~24.4	小损房屋	浪峰倒卷	7.0
10	狂风	24.5~28.4	拔起树木	海浪翻滚咆哮	9.0
11	暴风	28.5~32.6	损毁重大	波峰全呈飞沫	11.5
12	飓风	32.7~36.9	摧毁力极大	海浪滔天	14.0
13	—	37.0~41.4	—	—	—
14	—	41.5~46.1	—	—	—
15	—	46.2~50.9	—	—	—
16	—	51.0~56.0	—	—	—
17	—	56.1~61.2	—	—	—

表A4　雾的预报等级 （单位：米）

等级	能见度
轻雾	$1\,000 \leq V < 10\,000$
大雾	$500 \leq V < 1\,000$
浓雾	$200 \leq V < 500$
强浓雾	$50 \leq V < 200$
特强浓雾	$V < 50$

表A5　沙尘天气的划分标准

名称	天气现象	水平能见度
浮尘	沙尘浮游在空中	小于10千米
扬沙	风将地面尘沙吹起，空气相当混浊	1~10千米
沙尘暴	强风将地面尘沙吹起，使空气很混浊	小于1千米
强沙尘暴	大风将地面尘沙吹起，使空气非常混浊	小于500米
特强沙尘暴	狂风将地面沙尘吹起，空气特别混浊	小于50米

表A6　热带气旋等级划分表

热带气旋等级	底层中心附近最大平均风速/（米/秒）	底层中心附近最大风力/级
热带低压（TD）	10.8~17.1	6~7
热带风暴（TS）	17.2~24.4	8~9
强热带风暴（STS）	24.5~32.6	10~11
台风（TY）	32.7~41.4	12~13
强台风（STY）	41.5~50.9	14~15
超强台风（Super TY）	≥ 51.0	16或以上

附录B　气象灾害预警信号

台风预警信号

图标	标准	防御指南
台风蓝色预警信号	24小时内可能或者已经受热带气旋影响，沿海或者陆地平均风力达6级以上，或者阵风8级以上并可能持续	1. 政府及相关部门按照职责做好防台风准备工作； 2. 停止露天集体活动和高空等户外危险作业； 3. 相关水域水上作业和过往船舶采取积极的应对措施，如回港避风或者绕道航行等； 4. 加固门窗、围板、棚架、广告牌等易被风吹动的搭建物，切断危险的室外电源。
台风黄色预警信号	24小时内可能或者已经受热带气旋影响，沿海或者陆地平均风力达8级以上，或者阵风10级以上并可能持续	1. 政府及相关部门按照职责做好防台风应急准备工作； 2. 停止室内外大型集会和高空等户外危险作业； 3. 相关水域水上作业和过往船舶采取积极的应对措施，加固港口设施，防止船舶走锚、搁浅和碰撞； 4. 加固或者拆除易被风吹动的搭建物，人员切勿随意外出，确保老人小孩留在家中最安全的地方，危房人员及时转移。
台风橙色预警信号	12小时内可能或者已经受热带气旋影响，沿海或者陆地平均风力达10级以上，或者阵风12级以上并可能持续	1. 政府及相关部门按照职责做好防台风抢险应急工作； 2. 停止室内外大型集会、停课、停业（除特殊行业外）； 3. 相关水域水上作业和过往船舶应当回港避风，加固港口设施，防止船舶走锚、搁浅和碰撞； 4. 加固或者拆除易被风吹动的搭建物，人员应当尽可能待在防风安全的地方，当台风中心经过时风力会减小或者静止一段时间，切记强风将会突然吹袭，应当继续留在安全处避风，危房人员及时转移； 5. 相关地区应当注意防范强降水可能引发的山洪、地质灾害。
台风红色预警信号	6小时内可能或者已经受热带气旋影响，沿海或者陆地平均风力达12级以上，或者阵风达14级以上并可能持续	1. 政府及相关部门按照职责做好防台风应急和抢险工作； 2. 停止集会、停课、停业（除特殊行业外）； 3. 回港避风的船舶要视情况采取积极措施，妥善安排人员留守或者转移到安全地带； 4. 加固或者拆除易被风吹动的搭建物，人员应当待在防风安全的地方，当台风中心经过时风力会减小或者静止一段时间，切记强风将会突然吹袭，应当继续留在安全处避风，危房人员及时转移； 5. 相关地区应当注意防范强降水可能引发的山洪、地质灾害。

暴雪预警信号

图标	标准	防御指南
暴雪蓝色预警信号	12小时内降雪量将达4毫米以上，或者已达4毫米以上且降雪持续，可能对交通或者农牧业有影响	1. 政府及有关部门按照职责做好防雪灾和防冻害准备工作； 2. 交通、铁路、电力、通信等部门应当进行道路、铁路、线路巡查维护，做好道路清扫和积雪融化工作； 3. 行人注意防寒防滑，驾驶人员小心驾驶，车辆应当采取防滑措施； 4. 农牧区和种养殖业要储备饲料，做好防雪灾和防冻害准备； 5. 加固棚架等易被雪压的临时搭建物。
暴雪黄色预警信号	12小时内降雪量将达6毫米以上，或者已达6毫米以上且降雪持续，可能对交通或者农牧业有影响	1. 政府及相关部门按照职责落实防雪灾和防冻害措施； 2. 交通、铁路、电力、通信等部门应当加强道路、铁路、线路巡查维护，做好道路清扫和积雪融化工作； 3. 行人注意防寒防滑，驾驶人员小心驾驶，车辆应当采取防滑措施； 4. 农牧区和种养殖业要备足饲料，做好防雪灾和防冻害准备； 5. 加固棚架等易被雪压的临时搭建物。
暴雪橙色预警信号	6小时内降雪量将达10毫米以上，或者已达10毫米以上且降雪持续，可能或者已经对交通或者农牧业有较大影响	1. 政府及相关部门按照职责做好防雪灾和防冻害的应急工作； 2. 交通、铁路、电力、通信等部门应当加强道路、铁路、线路巡查维护，做好道路清扫和积雪融化工作； 3. 减少不必要的户外活动； 4. 加固棚架等易被雪压的临时搭建物，将户外牲畜赶入棚圈喂养。
暴雪红色预警信号	6小时内降雪量将达15毫米以上，或者已达15毫米以上且降雪持续，可能或者已经对交通或者农牧业有较大影响	1. 政府及相关部门按照职责做好防雪灾和防冻害的应急和抢险工作； 2. 必要时停课、停业（除特殊行业外）； 3. 必要时飞机暂停起降，火车暂停运行，高速公路暂时封闭； 4. 做好牧区等救灾救济工作。

暴雨预警信号

图标	标准	防御指南
暴雨 蓝 RAIN STORM 暴雨蓝色预警信号	12小时内降雨量将达50毫米以上，或者已达50毫米以上且降雨可能持续	1. 政府及相关部门按照职责做好防暴雨准备工作； 2. 学校、幼儿园采取适当措施，保证学生和幼儿安全； 3. 驾驶人员应当注意道路积水和交通阻塞，确保安全； 4. 检查城市、农田、鱼塘排水系统，做好排涝准备。
暴雨 黄 RAIN STORM 暴雨黄色预警信号	6小时内降雨量将达50毫米以上，或者已达50毫米以上且降雨可能持续	1. 政府及相关部门按照职责做好防暴雨工作； 2. 交通管理部门应当根据路况在强降雨路段采取交通管制措施，在积水路段实行交通引导； 3. 切断低洼地带有危险的室外电源，暂停在空旷地方的户外作业，转移危险地带人员和危房居民到安全场所避雨； 4. 检查城市、农田、鱼塘排水系统，采取必要的排涝措施。
暴雨 橙 RAIN STORM 暴雨橙色预警信号	3小时内降雨量将达50毫米以上，或者已达50毫米以上且降雨可能持续	1. 政府及相关部门按照职责做好防暴雨应急工作； 2. 切断有危险的室外电源，暂停户外作业； 3. 处于危险地带的单位应当停课、停业，采取专门措施保护已到校学生、幼儿和其他上班人员的安全； 4. 做好城市、农田的排涝，注意防范可能引发的山洪、滑坡、泥石流等灾害。
暴雨 红 RAIN STORM 暴雨红色预警信号	3小时内降雨量将达100毫米以上，或者已达100毫米以上且降雨可能持续	1. 政府及相关部门按照职责做好防暴雨应急和抢险工作； 2. 停止集会、停课、停业（除特殊行业外）； 3. 做好山洪、滑坡、泥石流等灾害的防御和抢险工作。

大风预警信号

图标	标准	防御指南
大风 蓝 GALE 大风蓝色预警信号	24小时内可能受大风影响，平均风力可达6级以上，或者阵风7级以上；或者已经受大风影响，平均风力为6~7级，或者阵风7~8级并可能持续	1. 政府及相关部门按照职责做好防大风工作； 2. 关好门窗，加固围板、棚架、广告牌等易被风吹动的搭建物，妥善安置易受大风影响的室外物品，遮盖建筑物资； 3. 相关水域水上作业和过往船舶采取积极的应对措施，如回港避风或者绕道航行等； 4. 行人注意尽量少骑自行车，刮风时不要在广告牌、临时搭建物等下面逗留； 5. 有关部门和单位注意森林、草原等防火。

续表

图标	标准	防御指南
大风黄色 预警信号	12小时内可能受大风影响，平均风力可达8级以上，或者阵风9级以上；或者已经受大风影响，平均风力为8~9级，或者阵风9~10级并可能持续	1. 政府及相关部门按照职责做好防大风工作； 2. 停止露天活动和高空等户外危险作业，危险地带人员和危房居民尽量转到避风场所避风； 3. 相关水域水上作业和过往船舶采取积极的应对措施，加固港口设施，防止船舶走锚、搁浅和碰撞； 4. 切断户外危险电源，妥善安置易受大风影响的室外物品，遮盖建筑物资； 5. 机场、高速公路等单位应当采取保障交通安全的措施，有关部门和单位注意森林、草原等防火。
大风橙色 预警信号	6小时内可能受大风影响，平均风力可达10级以上，或者阵风11级以上；或者已经受大风影响，平均风力为10~11级，或者阵风11~12级并可能持续	1. 政府及相关部门按照职责做好防大风应急工作； 2. 房屋抗风能力较弱的中小学校和单位应当停课、停业，人员减少外出； 3. 相关水域水上作业和过往船舶应当回港避风，加固港口设施，防止船舶走锚、搁浅和碰撞； 4. 切断危险电源，妥善安置易受大风影响的室外物品，遮盖建筑物资； 5. 机场、铁路、高速公路、水上交通等单位应当采取保障交通安全的措施，有关部门和单位注意森林、草原等防火。
大风红色 预警信号	6小时内可能受大风影响，平均风力可达12级以上，或者阵风13级以上；或者已经受大风影响，平均风力为12级以上，或者阵风13级以上并可能持续	1. 政府及相关部门按照职责做好防大风应急和抢险工作； 2. 人员应当尽可能停留在防风安全的地方，不要随意外出； 3. 回港避风的船舶要视情况采取积极措施，妥善安排人员留守或者转移到安全地带； 4. 切断危险电源，妥善安置易受大风影响的室外物品，遮盖建筑物资； 5. 机场、铁路、高速公路、水上交通等单位应当采取保障交通安全的措施，有关部门和单位注意森林、草原等防火。

寒潮预警信号

图标	标准	防御指南
寒潮蓝色 预警信号	48小时内最低气温将要下降8℃以上，最低气温小于或等于4℃，陆地平均风力可达5级以上；或者已经下降8℃以上，最低气温小于或等于4℃，平均风力达5级以上，并可能持续	1. 政府及有关部门按照职责做好防寒潮准备工作； 2. 注意添衣保暖； 3. 对热带作物、水产品采取一定的防护措施； 4. 做好防风准备工作。

续表

图标	标准	防御指南
寒潮黄色预警信号	24小时内最低气温将要下降10℃以上，最低气温小于或等于4℃，陆地平均风力可达6级以上；或者已经下降10℃以上，最低气温小于等于4℃，平均风力达6级以上，并可能持续	1. 政府及有关部门按照职责做好防寒潮工作； 2. 注意添衣保暖，照顾好老、弱、病人； 3. 对牲畜、家禽和热带、亚热带水果及有关水产品、农作物等采取防寒措施； 4. 做好防风工作。
寒潮橙色预警信号	24小时内最低气温将要下降12℃以上，最低气温小于或等于0℃，陆地平均风力可达6级以上；或者已经下降12℃以上，最低气温小于等于0℃，平均风力达6级以上，并可能持续	1. 政府及有关部门按照职责做好防寒潮应急工作； 2. 注意防寒保暖； 3. 农业、水产业、畜牧业等要积极采取防霜冻、冰冻等防寒措施，尽量减少损失； 4. 做好防风工作。
寒潮红色预警信号	24小时内最低气温将要下降16℃以上，最低气温小于或等于0℃，陆地平均风力可达6级以上；或者已经下降16℃以上，最低气温小于等于0℃，平均风力达6级以上，并可能持续	1. 政府及相关部门按照职责做好防寒潮应急和抢险工作； 2. 注意防寒保暖； 3. 农业、水产业、畜牧业等要积极采取防霜冻、冰冻等防寒措施，尽量减少损失； 4. 做好防风工作。

沙尘暴预警信号

图标	标准	防御指南
沙尘暴黄色预警信号	12小时内可能出现沙尘暴天气（能见度小于1 000米），或者已经出现沙尘暴天气并可能持续	1. 政府及相关部门按照职责做好防沙尘暴工作； 2. 关好门窗，加固围板、棚架、广告牌等易被风吹动的搭建物，妥善安置易受大风影响的室外物品，遮盖建筑物资，做好精密仪器的密封工作； 3. 注意携带口罩、纱巾等防尘用品，以免沙尘对眼睛和呼吸道造成损伤； 4. 呼吸道疾病患者、对风沙较敏感人员不要到室外活动。
沙尘暴橙色预警信号	6小时内可能出现强沙尘暴天气（能见度小于500米），或者已经出现强沙尘暴天气并可能持续	1. 政府及相关部门按照职责做好防沙尘暴应急工作； 2. 停止露天活动和高空、水上等户外危险作业； 3. 机场、铁路、高速公路等单位做好交通安全的防护措施，驾驶人员注意沙尘暴变化，小心驾驶； 4. 行人注意尽量少骑自行车，户外人员应当戴好口罩、纱巾等防尘用品，注意交通安全。

续表

图标	标准	防御指南
沙尘暴红色预警信号	6小时内可能出现特强沙尘暴天气（能见度小于50米），或者已经出现特强沙尘暴天气并可能持续	1. 政府及相关部门按照职责做好防沙尘暴应急抢险工作； 2. 人员应当留在防风、防尘的地方，不要在户外活动； 3. 学校、幼儿园推迟上学或者放学，直至特强沙尘暴结束； 4. 飞机暂停起降，火车暂停运行，高速公路暂时封闭。

大雾预警信号

图标	标准	防御指南
大雾黄色预警信号	12小时内可能出现能见度小于500米的雾，或者已经出现能见度小于500米、大于或等于200米的雾并将持续	1. 有关部门和单位按照职责做好防雾准备工作； 2. 机场、高速公路、轮渡码头等单位加强交通管理，保障安全； 3. 驾驶人员注意雾的变化，小心驾驶； 4. 户外活动注意安全。
大雾橙色预警信号	6小时内可能出现能见度小于200米的雾，或者已经出现能见度小于200米、大于或等于50米的雾并将持续	1. 有关部门和单位按照职责做好防雾工作； 2. 机场、高速公路、轮渡码头等单位加强调度指挥； 3. 驾驶人员必须严格控制车、船的行进速度； 4. 减少户外活动。
大雾红色预警信号	2小时内可能出现能见度小于50米的雾，或者已经出现能见度小于50米的雾并将持续	1. 有关部门和单位按照职责做好防雾应急工作； 2. 有关单位按照行业规定适时采取交通安全管制措施，如机场暂停飞机起降，高速公路暂时封闭，轮渡暂时停航等； 3. 驾驶人员根据雾天行驶规定，采取雾天预防措施，根据环境条件采取合理行驶方式，并尽快寻找安全停放区域停靠； 4. 不要进行户外活动。

道路结冰预警信号

图标	标准	防御指南
道路结冰黄色预警信号	当路表温度低于0 ℃，出现降水，12小时内可能出现对交通有影响的道路结冰	1. 交通、公安等部门要按照职责做好道路结冰应对准备工作； 2. 驾驶人员应当注意路况，安全行驶； 3. 行人外出尽量少骑自行车，注意防滑。
道路结冰橙色预警信号	当路表温度低于0 ℃，出现降水，6小时内可能出现对交通有较大影响的道路结冰	1. 交通、公安等部门要按照职责做好道路结冰应急工作； 2. 驾驶人员必须采取防滑措施，听从指挥，慢速行使； 3. 行人出门注意防滑。
道路结冰红色预警信号	当路表温度低于0 ℃，出现降水，2小时内可能出现或者已经出现对交通有很大影响的道路结冰	1. 交通、公安等部门做好道路结冰应急和抢险工作； 2. 交通、公安等部门注意指挥和疏导行驶车辆，必要时关闭结冰道路交通； 3. 人员尽量减少外出。

高温预警信号

图标	标准	防御指南
高温黄色预警信号	连续3天日最高气温将在35 ℃以上	1. 有关部门和单位按照职责做好防暑降温准备工作； 2. 午后尽量减少户外活动； 3. 对老、弱、病、幼人群提供防暑降温指导； 4. 高温条件下作业和白天需要长时间进行户外露天作业的人员应当采取必要的防护措施。
高温橙色预警信号	24小时内最高气温将升至37 ℃以上	1. 有关部门和单位按照职责落实防暑降温保障措施； 2. 尽量避免在高温时段进行户外活动，高温条件下作业的人员应当缩短连续工作时间； 3. 对老、弱、病、幼人群提供防暑降温指导，并采取必要的防护措施； 4. 有关部门和单位应当注意防范因用电量过高，以及电线、变压器等电力负载过大而引发的火灾。
高温红色预警信号	24小时内最高气温将升至40 ℃以上	1. 有关部门和单位按照职责采取防暑降温应急措施； 2. 停止户外露天作业（除特殊行业外）； 3. 对老、弱、病、幼人群采取保护措施； 4. 有关部门和单位要特别注意防火。

霜冻预警信号

图标	标准	防御指南
霜冻蓝色预警信号	48小时内地面最低温度将要下降到0℃以下，降温幅度达8℃以上，对农业将产生影响，或者已经降到0℃以下，对农业已经产生影响，并可能持续	1. 政府及农林主管部门按照职责做好防霜冻准备工作； 2. 对农作物、蔬菜、花卉、瓜果、林业育种要采取一定的防护措施； 3. 农村基层组织和农户要关注当地霜冻预警信息，以便采取措施加强防护。
霜冻黄色预警信号	24小时内地面最低温度将要下降到零下3℃以下，降温幅度达10℃以上，对农业将产生严重影响，或者已经降到零下3℃以下，对农业已经产生严重影响，并可能持续	1. 政府及农林主管部门按照职责做好防霜冻应急工作； 2. 农村基层组织要广泛发动群众，防灾抗灾； 3. 对农作物、林业育种要积极采取田间灌溉等防霜冻、冰冻措施，尽量减少损失； 4. 对蔬菜、花卉、瓜果要采取覆盖、喷洒防冻液等措施，减轻冻害。
霜冻橙色预警信号	24小时内地面最低温度将要下降到零下5℃以下，降温幅度达12℃以上，对农业将产生严重影响，或者已经降到零下5℃以下，对农业已经产生严重影响，并将持续	1. 政府及农林主管部门按照职责做好防霜冻应急工作； 2. 农村基层组织要广泛发动群众，防灾抗灾； 3. 对农作物、蔬菜、花卉、瓜果、林业育种要采取积极的应对措施，尽量减少损失。

雷电预警信号

图标	标准	防御指南
雷电黄色预警信号	6小时内可能发生雷电活动，可能会造成雷电灾害事故	1. 政府及相关部门按照职责做好防雷工作； 2. 密切关注天气，尽量避免户外活动。
雷电橙色预警信号	2小时内发生雷电活动的可能性很大，或者已经受雷电活动影响，且可能持续，出现雷电灾害事故的可能性比较大	1. 政府及相关部门按照职责落实防雷应急措施； 2. 人员应当留在室内，并关好门窗； 3. 户外人员应当躲入有防雷设施的建筑物或者汽车内； 4. 切断危险电源，不要在树下、电杆下、塔吊下避雨； 5. 在空旷场地不要打伞，不要把农具、羽毛球拍、高尔夫球杆等扛在肩上。

续表

图标	标准	防御指南
雷电红色预警信号	2小时内发生雷电活动的可能性非常大，或者已经有强烈的雷电活动发生，且可能持续，出现雷电灾害事故的可能性非常大	1. 政府及相关部门按照职责做好防雷应急抢险工作； 2. 人员应当尽量躲入有防雷设施的建筑物或者汽车内，并关好门窗； 3. 切勿接触天线、水管、铁丝网、金属门窗、建筑物外墙，远离电线等带电设备和其他类似金属装置； 4. 尽量不要使用无防雷装置或者防雷装置不完备的电视、电话等电器； 5. 密切注意雷电预警信息的发布。

冰雹预警信号

图标	标准	防御指南
冰雹橙色预警信号	6小时内可能出现冰雹天气，并可能造成雹灾	1. 政府及相关部门按照职责做好防冰雹应急工作； 2. 气象部门做好人工防雹作业准备并择机进行作业； 3. 户外行人立即到安全的地方暂避； 4. 驱赶家禽、牲畜进入有顶蓬的场所，妥善保护易受冰雹袭击的汽车等室外物品或者设备； 5. 注意防御冰雹天气伴随的雷电灾害。
冰雹红色预警信号	2小时内出现冰雹可能性极大，并可能造成重雹灾	1. 政府及相关部门按照职责做好防冰雹应急和抢险工作； 2. 气象部门适时开展人工防雹作业； 3. 户外行人立即到安全的地方暂避； 4. 驱赶家禽、牲畜进入有顶蓬的场所，妥善保护易受冰雹袭击的汽车等室外物品或者设备； 5. 注意防御冰雹天气伴随的雷电灾害。

干旱预警信号

图标	标准	防御指南
干旱橙色预警信号	预计未来一周综合气象干旱指数达到重旱（气象干旱为25～50年一遇），或者某一县（区）有40%以上的农作物受旱	1. 有关部门和单位按照职责做好防御干旱的应急工作； 2. 有关部门启用应急备用水源，调度辖区内一切可用水源，优先保障城乡居民生活用水和牲畜饮水； 3. 压减城镇供水指标，优先经济作物灌溉用水，限制大量农业灌溉用水； 4. 限制非生产性高耗水及服务业用水，限制排放工业污水； 5. 气象部门适时进行人工增雨作业。

续表

图标	标准	防御指南
干旱红色 预警信号	预计未来一周综合气象干旱指数达到特旱（气象干旱为50年以上一遇），或者某一县（区）有60%以上的农作物受旱	1. 有关部门和单位按照职责做好防御干旱的应急和救灾工作； 2. 各级政府和有关部门启动远距离调水等应急供水方案，采取提外水、打深井、车载送水等多种手段，确保城乡居民生活和牲畜饮水； 3. 限时或者限量供应城镇居民生活用水，缩小或者阶段性停止农业灌溉供水； 4. 严禁非生产性高耗水及服务业用水，暂停排放工业污水； 5. 气象部门适时加大人工增雨作业力度。

霾预警信号

图标	标准	防御指南
霾黄色 预警信号	预计未来24小时能见度小于3 000米且相对湿度小于80%的霾，或能见度小于3 000米且相对湿度大于或等于80%，$PM_{2.5}$浓度大于115微克/米^{3}且小于或等于150微克/米^3，或能见度小于5 000米，$PM_{2.5}$浓度大于150微克/米^{3}且小于或等于250微克/米^3	1. 空气质量明显降低，人员需适当防护； 2. 一般人群适量减少户外活动，儿童、老人及易感人群应减少外出。
霾橙色 预警信号	预计未来24小时能见度小于2 000米且相对湿度小于80%的霾，或能见度小于2 000米且相对湿度大于或等于80%，$PM_{2.5}$浓度大于150微克/米^{3}且小于或等于250微克/米^3，或能见度小于5 000米，$PM_{2.5}$浓度大于250微克/米^{3}且小于或等于500微克/米^3	1. 空气质量差，人员需适当防护； 2. 一般人群减少户外活动，儿童、老人及易感人群应尽量避免外出。
霾红色 预警信号	预计未来24小时能见度小于1 000米且相对湿度小于80%的霾，或能见度小于1 000米且相对湿度大于或等于80%，$PM_{2.5}$浓度大于250微克/米^{3}且小于或等于500微克/米^3，或能见度小于5 000米，$PM_{2.5}$浓度大于500微克/米^3	1. 政府及相关部门按照职责采取相应措施，控制污染物排放； 2. 空气质量很差，人员需加强防护； 3. 一般人群避免户外活动，儿童、老人及易感人群应当留在室内； 4. 机场、高速公路、轮渡码头等单位加强交通管理，保障安全； 5. 驾驶人员谨慎驾驶。